超高层建筑
智能化设计关键技术研究与实践

RESEARCH AND PRACTICE ON KEY TECHNOLOGIES OF
INTELLIGENT DESIGN FOR SUPER HIGH-RISE BUILDING

沈育祥 等 著

中国建筑工业出版社

图书在版编目（CIP）数据

超高层建筑智能化设计关键技术研究与实践 =
RESEARCH AND PRACTICE ON KEY TECHNOLOGIES OF
INTELLIGENT DESIGN FOR SUPER HIGH–RISE BUILDING /
沈育祥等著. —北京：中国建筑工业出版社，2022.8
　　ISBN 978-7-112-27629-5

　　Ⅰ．①超⋯　Ⅱ．①沈⋯　Ⅲ．①超高层建筑—智能化建
筑—建筑设计—研究　Ⅳ．①TU972

　　中国版本图书馆CIP数据核字（2022）第132445号

　　《超高层建筑智能化设计关键技术研究与实践》从研究和实践两个维度，对超高层建筑智能化设计中的关键技术进行了详细的阐述。研究篇分为超高层建筑智能化设计要点、智能化集成系统、信息设施系统、信息化应用系统、安全技术防范系统、机房工程、超高层智能化综合管线、智慧技术的发展和展望等8个章节。实践篇汇集了华建集团华东建筑设计研究院有限公司设计的30个超高层建筑具体项目案例。

　　本书具有系统性强、结构严谨、技术先进、实践性强等特点，可供从事超高层建筑电气技术理论研究和工程实践的工程技术人员、电气设计师学习、参考、借鉴，也可供高等院校相关专业师生阅读、学习。

　　责任编辑：王华月　范业庶
　　责任校对：赵　颖

超高层建筑
智能化设计关键技术研究与实践
RESEARCH AND PRACTICE ON KEY TECHNOLOGIES OF
INTELLIGENT DESIGN FOR SUPER HIGH–RISE BUILDING
沈育祥　等　著

*

中国建筑工业出版社出版、发行（北京海淀三里河路9号）
各地新华书店、建筑书店经销
北京鸿文瀚海文化传媒有限公司制版
天津图文方嘉印刷有限公司印刷

*

开本：880毫米×1230毫米　1/16　印张：$15\frac{1}{4}$　字数：419千字
2022年8月第一版　　2022年8月第一次印刷
定价：**158.00元**
ISBN 978-7-112-27629-5
（39622）

作者简介

沈育祥 华建集团电气专业总工程师兼华东建筑设计研究院有限公司电气总工程师，教授级高级工程师，注册电气工程师，担任全国勘察设计注册工程师管理委员会委员、中国建筑学会建筑电气分会理事长、中国建筑学会常务理事、中国消防协会电气防火专业委员会副主任、上海市建筑学会常务理事、上海市建委科学技术委员会委员等社会职务。

先后主持东方之门、新开发银行总部大楼、苏州中南中心、南京江北新区等超高层建筑以及国家图书馆、上海地铁迪士尼车站、东方艺术中心等各类重大工程项目的电气设计。

主编和参编《智慧建筑设计标准》T/ASC 19-2021、《智能建筑设计标准》GB/T 50314-2000、《民用建筑电气防火设计规程》DGJ 08-2048-2016、《耐火和阻燃电线电缆通则》GB 19666-2005等20余部国家和地方标准规范。

在国内权威期刊上发表《从智能建筑到智慧建筑的技术革新》《低压直流配电技术在民用建筑中的合理应用》等十余篇专业学术论文，并主编或参撰《超高层建筑电气设计关键技术研究与实践》《空港枢纽建筑电气及智慧设计关键技术研究与实践》《会展建筑电气及智慧设计关键技术研究与实践》《智能建筑设计技术》《中国消防工程手册》等多部学术专著。

曾获国家优秀工程标准设计奖、上海市优秀工程设计奖、全国标准科技创新奖、上海标准化优秀技术成果奖、上海优秀工程标准设计奖、上海市科技进步奖、上海市建筑学会科技进步奖等荣誉。

编委会

超高层建筑智能化设计关键技术研究与实践

序 一

正值春暖花开，万物复苏之时，我的案头摆放着《超高层建筑智能化设计关键技术研究与实践》书稿，这本是去年出版的《超高层建筑电气设计关键技术研究与实践》的姊妹篇，翻阅两本书，颇多感慨。

19世纪下半叶，电梯的发明让建筑物可以无限地向着天空发展。1894年，位于美国纽约的曼哈顿人寿保险大厦落成，其106m的建筑高度正式标志着建筑设计与建造进入超高层时代。我国的第一栋超高层建筑是落成于1976年的广州白云宾馆，建筑高度为114.05m；我国第一栋超过250m的超高层建筑是落成于1990年的香港中银大厦，建筑高度为367.4m。虽然我国的超高层建筑发展起步较晚，但发展速度却是世界领先。近些年，世界近半数的新建超高层建筑都在我国。据统计，在我国一线城市与新一线城市，开发完成或正在开发建设中的100m以上超高层建筑建设量已经将近4000栋，而250m以上超高层建设量也已经近950栋。

超高层建筑在全球乃至我国的风靡，不仅是城市人口大量聚集的空间结果，更是经济密度最高，产业、人才、科技、文化、资金高度集聚的呈现，是国家和区域综合实力物质化的必然产物。超高层建筑具有使用承载人员众多、建筑体量与投资大、技术要求高、内部功能复杂等特点，彰显着当今建筑技术的最高标准，并成为城市最具活力与魅力的区域和形象代表。

当前我国正处于未来发展的重大格局变革期，随着都市圈、城市群建设推进，城市化率不断提升，一、二线城市可建设用地紧张，紧凑集约、低碳生态、以人为本、智慧赋能成为我国城市高质量发展的当务之急。习近平总书记多次强调"城市是人民的城市，城市建设要创造宜业、宜居、宜乐、宜游的良好环境，为人民创造更加幸福的美好生活"。因此，如今的超高层建筑所彰显的不应仅仅是高度和形象，它更是一座微缩的立体城市，需要为人们提供安全可靠的生活保障和宜居宜业的美好生活环境。

建筑电气和智能化设计是电气工程学科的具体应用，也是超高层建筑设计的重要组成部分。高效便捷的电梯系统、全面的照明系统、舒适的空调系统、可靠的安防系统以及全方位的智能化系统，都成为今天超高层建筑不可或缺的一部分，这些也与人们每天的生活密不可分。综合来看，超高层建筑的电气与智能化系统具有用电负荷大、电源可靠性要求高、防火防灾要求高、通信系统要求高、智能监控系统要求高、物业管理界面复杂等特点，同时与绿色节能、可持续发展等方面紧密相连，这就需要技术人员不断创新，以人为中心，应对未来的全新时代，打造更加舒适智能的建筑生活环境。

华东院有着几十年的悠久历史以及遍布全国的超高层设计实践历程，本书是基于华东院的多年实践总结，从超高层建筑智能化设计要点、智能化集成系统、信息设施系统、信息化应用系统、安全技术防范系统、机房工程、超高层智能化综合管线、智慧技术的发展和展望等八个方面层层展开，全面而详细地介绍了超高层建筑智能化设计的关键性技术。最难能可贵的是本书将技术研究与多年来的实际工程实践相结合，精选了30个超高层建筑智能化系统设计案例，提供了相关案例的设计特征及其智能化设计精准数据，为今后建筑电气与智能化设计的从业人员提供了宝贵资料，为我国的超高层建筑行业的电气与智能化设计做出应有的贡献，体现了华东院的专业精神和对社会的回馈奉献意识。

如何塑造更好的未来城市，打造令人向往的创新之城、人文之城、低碳生态之城，超高层建筑行业需要更多的探索和创新，任重而道远。相信这本《超高层建筑智能化设计关键技术研究与实践》能够为超高层建筑电气与智能化专业人士提供帮助，推动高层建筑人居环境的高质量发展。

中国建筑学会高层建筑人居环境学术委员会主任

华东建筑设计研究院有限公司总经理、总建筑师

2022年4月于上海

序 二

1978年开始的中国改革开放，揭开了中华民族5000年文明史崭新的一页。短短几十年的艰苦奋斗，中国发生了翻天覆地的变化，从一个"一穷二白"的国家，一跃而成为世界第二大经济体，傲立于世界民族之林，人民生活和城乡面貌也发生了巨大的变化。在这个巨变中，建设行业做出了巨大的贡献，同时建设行业本身也提升到了一个新的水平，总体实力和科技水平都进入了世界先进行列。反映这一变化的重要标志之一是全国各地大量建造的高层和超高层建筑。

中国是世界第一人口大国，虽然疆域辽阔，但可供建设的土地面积有限。在城市化进程中，大量农村人口涌入城市，更加重了建设用地的紧缺性。因此，在我国因地制宜地发展高层和超高层建筑是一种不可替代的选择。而改革开放以来我国经济实力和科技实力的增强，为高层建筑的发展提供了坚实的基础。正是在这种条件下，出现了中国高层建筑的超常规发展。据世界高层建筑与都市人居学会（Council on Tall Buildings and Urban Habitat，CTBUH）统计，中国是过去20年在高层与超高层建筑领域实践最多、发展最快的国家。2019年全球建成的126座200m及以上的建筑中，有57座在中国，占比达45%，当前全球最高的20座建筑中有13座位于中国。我国已经形成了高层建筑设计与施工的完整的规范体系，成为当之无愧的世界高层建筑第一大国。

高层建筑是现代科学和工程技术发展的产物，它体量庞大，功能复杂，业态多样，内涵丰富，容纳人员众多，在国民经济和人民生活中发挥着重大的作用，它不是楼层的简单堆砌，而是蕴含了当代科学技术中可用于建筑功能的大量先进科技成果。同时，它必将随着科技的进步而不断更新其内涵，达到安全、经济、节能、生态、环保、丰富城市形态的综合效果，以满足社会生活对高层建筑的新需求。

　　电气和智能化设计是高层建筑设计中的主要专业之一，超高层建筑的性质，决定了其电气和智能化设计在可靠性、安全性、保障性方面的要求要高于一般建筑，很多技术问题需要特殊考量和处理。如：与应急发电机组相结合的供配电系统的方案优选；变电所上楼深入负荷中心的设置；供配电线路阻燃、耐火性能及敷设的特殊要求；通信系统、BMS及系统集成；火灾报警系统网络化的层级管理；防灾系统的综合应用等，都是需要结合具体工程深入研究、妥善处理的，设计要求与复杂性远高于常规建筑。

　　华东院多年来设计了大量的超高层建筑，业绩遍及全国各地。《超高层建筑智能化设计关键技术研究与实践》一书基于华东院大量的工程经验，从研究与实践两个维度对其中的关键技术进行总结，我认为是一件非常有意义的工作。在我国改革开放进入高质量发展阶段的今天，相信本书的出版对促进我国超高层建筑智能化设计水平的提高能起到积极的作用。

全国工程勘察设计大师

华东建筑设计研究院有限公司资深总工程师

2022年4月于上海

前 言

时光荏苒，从入职华东院，第一张手绘图纸、第一张电脑效果图、第一次去美国、第一次设计BA系统、第一次采用变电所上楼方案，第一次编写设计标准，到如今主持多项超高层建筑的电气和智能化设计，我的职业生涯与超高层建筑结下了很深的缘分。

1984年7月12日，一个青涩的江南小伙带着一箱书和几件旧衣走进了位于上海外滩的汉口路151号铜门，开始了他的职业生涯。在老专家的带领下，参与的第一个项目是上海电信大厦（130m，当时上海最高的地标建筑），手绘的第一张图纸是10kV变电所系统图，这得益于大学毕业设计内容就是变电所的设计。

1987年，华东院成立CAD中心，我有幸成为其中的一员。记得当年江欢成院士负责东方明珠项目，我在他的指导下用计算机绘制东方明珠的效果图，这应该也是上海第一张用计算机绘制的建筑效果图。

1988年，上海虹桥机场进行第三次扩建，新建T型结构的国际航站楼，我有幸第一次负责BA系统的设计，从BA的系统图，到DDC的端子图，从AI、DI、AO、DO等控制点的原理和设置，到最后参与调试，边学边干，一直到1991年底项目竣工，坐着控制室里看到386计算机屏幕上显示整个航站楼的电气设备实时运行情况时，好像看到婴儿出生一样，十分激动和幸福。

1996年开始，我们华东院几个年轻人在温伯银总师的带领下，收集国内和国外智能建筑的资料，编制第一部地方标准上海市《智能建筑设计标准》DBJ 08—47—1995。后来又在上海召开我国第一次智能建筑技术研讨会，同时又有全国各大设计院一起参与，在1999年编制我国第一部国家标准《智能建筑设计标准》GB/T 50314—2000，该标准提出了CA、OA、BA及系统集成的概念，科学地定义了智能建筑，该标准规范了我国智能建筑的有序和健康发展，推动了智能建筑相关技术的进步。

20世纪90年代，有幸负责当时的南京地标建筑——南京国际商城（168m）和上海浦项广场（146m）的电气和智能化设计，其中浦项广场是外方投资，因此有了第一次去美国考察的机会。在摩天大楼的故乡——芝加哥，登上了西尔斯大厦，在103层442m的观光厅俯瞰芝加哥，后来又参观了纽约世贸中心双子塔和帝国大厦。那次的美国考察之行，我收获满满，触动很大。返程的飞机上，我憧憬着未来在中国大地上也能有如此多的超高层建筑。

2003年，我负责主持家乡苏州的东方之门（281m）的电气和智能化设计，该项目现在是苏州"网红打卡圣地"。在供配电方面，提出了变电所上楼、深入负荷中心的供电方案，这个理念完全得益于在美国对超高层建筑的考察，在智能化方面，首次采用BMS系统集成，也是国家标准《智能建筑设计标准》GB/T 50314—2000在该项目中的具体应用。

2019年，随着通信技术、AI人工智能技术和大数据技术的飞速发展，建筑由传统建筑到智能建筑，现在又由智能建筑往智慧建筑演变，未来智慧建筑将成为具有感知和永远在线的"生命体"，拥有大脑的自进化"智慧平台"，人机物深度融合的开发生态平台，可以集成一切为人类服务的创新技术和产品。因此，我们组织华为、腾讯、科大讯飞等AI公司和ABB、施耐德、良信等电器公司以及我们行业的各位专家，编制了《智慧建筑设计标准》，提出"建筑操作系统"和"建筑大脑"的理念，为未来智慧建筑的建设提供新的依据。

近年来，全国各地掀起了超高层建筑建设热潮，我国超高层建筑的数量已远远

超过美国，200m以上超高层建筑中，华东院设计或咨询的有170多项，其中400m
以上有32项。近期我主持的苏州中南中心、南京江北绿地中心、金茂南京河西综合
体等超高层建筑的智能化设计，其建筑高度均接近500m。

华东院超高层建筑方面的非凡业绩，得益于由院士、大师领衔的强大结构队伍
和建筑原创力量，才给予我们机电专业实践的机会。在华东院，几乎每一位电气专
业负责人都有超高层建筑电气和智能化设计的经历。

作为华东院的一名即将退休的电气工程师，我深感有责任和义务将华东院最强
项的超高层建筑电气和智能化设计进行总结和传承，以飨我国广大业内智能化设计
师同仁，去年编撰出版了《超高层建筑电气设计关键技术研究与实践》，今年有了
编撰这本书的念头。本书中详细地阐述了超高层建筑智能化设计的关键技术，并汇
集了华东院30多项超高层建筑优秀项目案例，供广大同行参考借鉴。

在本书编制过程中，得到了华建集团和华东院领导的大力支持，尤其是得到
了汪大绥大师和周建龙大师的指导。同时，各位编者都是华东院的技术骨干，他们
手中同时负责多个项目的智能化设计，为了本书的编制及顺利出版放弃了节假日休
息，付出了辛勤的汗水和劳动，在此一并表示感谢！

由于编者水平有限，加之时间仓促，书中难免疏漏，欢迎读者批评指正。

2022年4月于上海

目　录

超高层建筑智能化设计关键技术研究与实践

第一篇 │ 研究篇

第1章　超高层建筑智能化设计要点

1.1　概述

超高层建筑具有结构超高、规模庞大、功能繁多、系统复杂、建设标准高的鲜明特点，通常是汇集了高档办公、五星级酒店、公寓、国际商业、餐饮、观光及其他功能于一体的超大型现代化智能建筑。相对一般建筑而言，往往具有以下特点：

（1）对通信传输的容量、稳定性、可靠性要求高，需提供多家电信业务经营者的使用需求，满足有线、无线的多种通信业务。

（2）人员密度大，防范难度大、应急疏散历时长，对建筑的公共安全、消防、安防，救灾、防盗等方面有更严苛的要求。

（3）项目品质高，需控制检测管理的设备多，对智能化系统的安全性、可靠性、设备控制的便捷性等许多方面提出了更高的要求，要求搭建高效、稳定、先进的监控系统。

（4）物业管理界面复杂，构建智能化系统时需充分考虑分期建设、分期开业、运营管理的分界要求。

1.2　智能化设计要点

在超高层建筑设计中，智能化设计应从建筑功能、使用需求和管理要求等方面进行总体规划，确立设计标准、系统配置、系统架构、设计文件编制，做好与建筑主体设计及相关专业的协调配合，分阶段、按照深度规定的要求完成设计工作。

在智能化设计上首先需要考虑的是信息的基础设施，如信息接入系统、机房与弱电间的设置、布线系统的规划，然后是智能化集成系统、信息设施系统、信息化应用系统、建筑设备管理系统、安全防范系统和机房工程等设计。

从重要性程度来讲，超高层建筑智能化设计主要包括以下几个要点。

1.2.1　信息接入系统

信息接入系统要提供多家电信业务经营者（含本地有线电视网络公司等）平等接入的条件，满足建筑（建筑群）有线和无线接入网的需求。

在建筑的地下一层或地下一层夹层、首层（无地下室建筑）设置不少于一个的进线间，进线间面积不宜小于$10m^2$，并满足多家电信业务经营者（含本地有线电视网络公司等）信息管线接入与入口设施安装的需要。

在地下室（非最底层，除只有地下一层外）需设置运营商机房（电信、移动、联通、广电），具体使用需求需征询当地电信业务经营者的要求，确定机房面积和基础条件。通常设有固网机房和铁塔的移动通信室内覆盖机房。

考虑超高层建筑的特点以及线缆传输的需要，设计上还会结合设备层，设置固网机房和铁塔的移动通信室内覆盖机房的分机房，以确保通信系统的正常、安全、可靠运行。如武汉中心、成都绿地中心、东方之门等项目，在设备层都设置有固网和铁塔的分机房。

1.2.2 机房与弱电间的设置

机房是保障智能化系统安全、可靠和高效地运行提供基础条件设施。

超高层建筑大多数是多业态的，需根据业态和管理要求设置通信网络机房、消防安保监控中心，以及分控机房。机房设置的位置及环境需要符合规范的要求：①机房不应设置在电磁干扰源、变压器室、电梯机房的楼上、楼下或隔壁场所；②机房不应设在水泵房、卫生间和浴室等潮湿场所的正下方或贴邻布置；③机房应远离锅炉房等高热高温、易燃易爆、有振动、对抗震不利及危险场所。机房的面积需根据各系统设备机柜（机架）的数量及布局要求确定，并宜预留发展空间。

弱电间设置在配线区域的中心位置上，进出线方便，便于设备安装、维护的公共部位，弱电间位置楼层上下对齐，独立开门，不与其他房间形成套间。弱电间至最远端的缆线敷设长度不应超过90m，楼层可设置多个弱电间。超高层建筑高度超过250m的公共建筑，主楼由于考虑到智能化系统的重要性、可靠性建议再增设一个弱电间或竖井。弱电间面积根据机柜数量确定，设有一台19英寸标准机柜的弱电间面积不宜小于6m^2，并应根据实际机柜的数量增加弱电间面积，以满足设备布置和现场操作要求。当不设置机柜时，可设置弱电竖井，弱电竖井面积不宜小于1.5m（宽）×0.8m（深）。

1.2.3 布线系统的规划

超高层建筑根据系统配置、网络设置进行布线系统规划。

系统需支持电话通信、计算机网络、Wi-Fi、视频监控、出入口控制、建筑设备监控、建筑能效管理、信息导引及发布、时钟、停车库（场）管理、智能照明、电梯运行监控、广播以及专业业务等系统的应用。

布线系统可以采用以太网布线，也可以采用POL无源光局域网系统。

采用以太网布线系统，水平线缆根据传输带宽和传输距离的要求，宜采用6类或6A类非屏蔽4对对绞电缆，或多模光缆、单模光缆。当系统传输有保密要求或工业建筑设备制造等环境有防干扰要求时，应采用6A类及以上等级的屏蔽4对对绞电缆或光缆。

采用POL无源光局域网系统，根据应用需求、终端用户数和全程光链路损耗进行功能设计和架构配置，每个ONU接入光缆应根据用户分布情况配置，至少配置一条2芯单模光缆。

1.2.4 智能化集成系统

超高层建筑大多数是多业态、多种物业的，业务复杂、安防管理难度大、管理要求高，没有现代化的管理手段很难管理得好。

智能化集成系统就是根据工程的建设目标、功能类别、运营及管理要求等，确定所需构建的信息集成（平台），实现对智能化各子系统的集中监控、联动和管理。

主要的集成系统有：信息导引及发布系统、火灾自动报警系统、安全防范系统、无线对讲系统、建筑设备监控系统、建筑能效监管系统、智能照明系统、变配电管理系统、电梯运行监视系统、动力与环境监控系统等系统。

智能化集成系统具有信息采集、分析处理、集中监控、报警管理、联动控制、远程访问、用户管理、运行日志等基础功能，宜根据工程需求设置模式管理、维保管理、能源管理、应急指挥等业务功能。

1.2.5 信息设施系统

信息设施系统包括通信系统、信息网络系统、无线对讲系统、有线电视网络及卫星电视接收系统、广播系统及其他相关的信息系统。

通信系统主要包括用户电话交换系统、虚拟交换机、内通系统、移动通信室内信号覆盖系统和卫星通信系统等。

信息网络系统根据网络规划宜设置为业务网和设备网等，在信息网络内部可根据使用需求划分为多个逻辑隔离的子网，宜采用VLAN或VxLAN的技术，共用同一套网络设备进行信息交换。通过内部网段的逻辑隔离提高网络应用的安全性，利用内部的身份认证和权限管理，建立完善的网络安全管理系统。

业务网支持电话系统、办公系统、Wi-Fi系统、IPTV系统、会议系统、专业业务系统、物业管理系统等子系统的网络传输、信息交换等。

设备网支持视频监控系统、视频分析系统、出入口控制系统、建筑设备监控系统、建筑能效监管系统、信息导引及发布系统、时钟系统、客房控制系统、停车库（场）管理系统、智能照明系统、电梯运行监视系统、广播系统等子系统网络传输、信息交换等。

无线对讲系统采用150MHz或400MHz、350MHz、800MHz频段集群系统和当地无线电管理部门许可使用的频段，以提供建筑规划范围内可靠、稳定的即时对讲通信。满足建筑内物业管理、安全保卫及工程维护等部门对无线对讲使用的需求。

有线电视网络和卫星电视接收系统是向收视用户提供多种丰富的电视节目，系统采用1000MHz双向网络传输，提供直播、点播、时移等基本电视业务功能，并可根据用户需求提供增值业务服务。

广播系统包括业务广播、背景音乐和紧急广播，系统主干结构采用环型或星型网络结构。平时播放业务或背景音乐广播，当发生火灾并确认后，应同时向全楼进行疏散应急广播。

1.2.6 信息化应用系统

信息化应用系统包括信息导引及发布系统、会议系统、客房管理系统、智能家居系统和专业业务系统等系统。

信息导引及发布系统由控制中心（包含发布管理服务器、管理工作站）、网络传输和显示终端构成完整的系统，以满足公共区域用于向公众及业务管理提供信息公告显示、标识导引、多媒体信息发布的功能。

会议系统由显示系统、发言系统、扩声系统、信号处理系统、同声传译、签到系统、文件分发系统、表决系统、视频会议系统、摄像系统、录播系统、集中控制系统及会务管理系统等组成，为与会者提供会议充分进行表达和交流的手段。

客房管理系统提供客房内空调、智慧照明、窗帘、节电控制、保险箱状态、电视、音响、酒店服务等系统的智能化管理和控制。为酒店服务提供勿扰、清理、呼叫、求助、退房、请稍后等请求服务的功能。

智能家居系统具有对家庭安防、照明、电动窗帘、空调、新风、地暖、供水及水质、环境监测、影音系统、家居健康、智能家电等控制和管理的功能。

1.2.7 安全防范系统

安全防范系统由入侵报警、视频监控、出入口控制、电子巡查、楼宇对讲、停车库（场）管理系统等构成。

入侵报警系统就是用探测器对建筑内外重要地点和区域进行布防。它可以及时探测非法入侵，并且在探测到有非法入侵时，及时向监控中心或有关人员示警。比如，门磁开关、玻璃破碎报警器等可有效探测外来的入侵，红外探测器可感知人员在楼内的活动等。一旦发生入侵行为，能及时记录入侵的时间、地点，同时通过报警设备发出报警信号。

视频监控系统由前端设备、传输网络、控制/显示/记录管理等设备组成，通过布置在楼内公共区域的摄像机能有效地监控该区域的人员活动和设施的情况，并进行实时有效数据、图像或声音信息，对突发性异常事件的过程进行及时的监视和记录，用以提供高效、及时地指挥和快速部署警力、处理案件等。

出入口控制系统由识读部分、传输部分、管理、控制部分和执行部分以及相应的系统软件组成。在出入口或房间的门设置门禁设备，对人或物的进、出，进行放行、拒绝、记录和报警等操作的控制系统，系统同时对出入人员编号、出入时间、出入门编号等情况进行记录与存储，从而成为确保区域的安全，实现智能化管理的有效措施。

电子巡查系统提供管理者及时掌握安保巡更人员的情况，管理人员可通过软件随时更改巡逻路线，以配合不同场合安全巡查的需要。

楼宇对讲系统由门口机、室内分机、传输控制设备、管理主机等组成，满足访客与住户之间实时双向通话，并宜具备可视的功能。

停车库（场）管理系统由出入口控制系统、车辆引导与反向寻车管理系统组成，以便对停车库（场）的车辆通行、停泊实施出入控制、监视、行车指示、停车管理及车辆防盗等综合管理。

1.2.8 机房工程

机房工程包括建筑装饰、供配电、照明、防雷、接地、UPS不间断电源、精密空调、动力与环境监测、火灾报警及灭火、出入口控制、入侵报警、视频监控、布线、系统集成和电磁防护等，提供并满足智能化系统关键设备与装置安全、稳定和可靠地运行，确保机房中的系统设备的运营管理和数据信息的安全，提供工作人员健康适宜的工作环境。

1.2.9 物业管理界面划分

超高层建筑项目体量大，可以是独栋建筑，也可与其他塔楼组成建筑群。通常含有多种物业，多种物业汇聚一起，各智能化系统分界面划分是重点，尤其是在设计之初，物业运营界面尚未最终确定的情况下，设计要保留灵活性。就智能化系统而言，上述物业管理界面主要影响的内容包括通信网络系统、信息化应用系统及安防监控系统管理。

结合当前超高层项目建设特点，从规划、设计、开发、建设、销售、管理等方面综合考虑，根据业态分布采用物业管理分设的方案较为合适。

1.2.10 弱电系统防雷与接地

为了防止直击雷和感应雷过电压危及有关信息机房内的弱电设备，按建筑物防雷建筑设计规范在供电主干线、配电箱及电子设备前加装耐冲击电压不同的过电压保护设备。对所有进出建筑物的信号线进行信息防雷处理，并对铠装电缆的金属外壳及光缆的加强钢丝在入户处做好接地处理。

各弱电机房及地下层弱电进线间均设有连接基础的接地端子箱（均由强电专业预留），各机房所有设备和箱体需接地的部分均采用BV1×50导线穿PVC32管接到各接地端子箱上。

弱电间（竖井）内设有一根不小于95mm²的绝缘铜导线作为垂直接地干线，穿PVC100的保护管。各弱电间内设有一个接地端子箱，各层所有机柜、弱电箱体及设备需接地的部分用BV1×25导线穿PVC32管分别接到接地端子箱上。

第2章 智能化集成系统

为满足超高层建筑的智能化集成管理，共享信息资源，提高工作效率，降低运行成本，需要将大楼内各个智能化各子系统集成在一个智能化集成软件平台上进行统一的分析和处理，以便用户可以关注各系统的实时信息。通过智能建筑管理系统的建立，使整个智能化和信息化不仅体现在局部系统，而是一个完整的体系。

2.1 智能化集成系统设计

2.1.1 系统设计原则

智能化集成系统设计原则是：将各种智能化子系统集成于统一平台之上，形成具有信息汇集、资源共享及优化管理等综合功能的系统，实现各类设备、子系统之间的接口、协议、系统平台、应用软件、运行管理等进行互联和互操作。系统应拥有一个标准、统一、开放的接口标准，降低用户总体拥有成本。

集成管理系统是一个高度集成的综合管理平台，彻底实现功能集成、网络集成和软件界面的集成。可以满足综合分析，决策支持的要求。该管理平台基于子系统平等方式进行系统集成，可采用BMS架构的计算机应用技术，实现自动化控制信息的网络化浏览和自动化设备的实时控制操作；应用网络和自动化控制技术的结合，大大提高了自动化监控系统运行的效益，提高了操作和管理的效率；支持TCP/IP协议；包含大型数据库；运行在千兆以太网上。

系统架构的设计可采用分散监控协调管理的原则，将现场监控操作与集中信息管理的功能利用软件技术手段有机组合。联动控制功能集中在现场监控，通过控制层网络接口与硬件接口结合实现跨总线、跨网段、跨子系统的实时联动控制，反应速度在ms级，高度可靠和稳定。

2.1.2 系统设计目标

智能化集成系统设计目标可从以下几个方面来重视。

1. 扁平结构

IBMS在确保能够与各种常用标准化数据通信接口可靠进行数据交换的同时，又能利用自己的专利技术与各类标准或非标数据通信接口直接进行对话，完成其与各子系统的信息交换和通信协议转换。尽量将整个系统结构扁平化，减少数据通信的中间环节，提高数据通信速度与可靠性，降低故障率。

2. 集中协调

IBMS把各种子系统集成为一个"有机"的统一系统，实现五个方面的功能集成：所有子系统信息的集成和综合管理，对所有子系统的集中监视和控制，全局事件的管理，流程自动化管理。最终实现集中监视控制与综合管理的功能。实现在一个平台上，可以得到所有弱电系统的运行状况，并将所有关系到智能中心正常运行的重要的报警信息汇集上来，进行统一的监控，协调各个子系统优化配合操作，共同以最经济的运行模式实行当下整体需求。IBMS可以定期地输出与存储运行状况的报告与数据，为整体运行提供安全、可靠保证，为优化管理决策数据分析提供完整的原始数据积累。

3. 分散监控

项目中各智能子系统实行独立运行、分散监控，各子系统与IBMS只保持及时、可靠的数据交换与指令沟通，各子系统操控相对独立。子系统故障不会影响其他系统的正常工作，子系统之间的数据共享通过统一数据库与协议转换器完成，最大限度地减少数据流通的中间环节，最低的数据流量，最小的操控干涉，实现了对不同系统进行状态控制以分离故障、分散风险、便于管理。

4. 统一界面

所有应用访问均由统一的界面登录，并在统一格式下，根据登录用户的授权级别进行各自授权范围内的操作与浏览。统一的界面，使得用户无论何时何地，以何种操作系统都能够登录与操作。用户操作界面或操作平台与IBMS集成平台相隔离，之间只存在数据交换关系，而不是直接操控，避免了任何客户端的误操作、故意破坏、崩溃对系统的影响。

5. 信息清晰

IBMS人机界面显示信息清晰、简单、明了。各类信息显示内容规范化，显示格式标准化、显示形式多样化、显示轻重层次化、显示过程顺序化、显示样式生动化。并结合图形信息、图表信息、地理信息、三维立体矢量图等技术力求使信息一目了然，便于理解。

6. 操控便捷

了解信息的目的是监视与操控，IBMS杜绝繁琐，提供既便捷又醒目的操作模式，既提高了操作速度，又减少了误操作。

2.1.3　智能化集成系统架构

智能化集成系统由各弱电子系统组成，它们相对独立，各自完成相应的监测、控制和管理功能。IBMS是一个采用分层分布式结构的集散监控系统，总体分为三层。最上层为监控管理中心，负责整个系统协调运行和综合管理；中间监控层即各分系统，具有独立运行能力，实现各系统的监测和控制；下层为现场设备层，包括各类传感器、探测器、仪表和执行机构等。

根据对监控和管理的对象及其功能要求的分析，通常智能化集成系统架构图如图2-1所示（系统集成范围根据各不同项目，可相应调整，以满足项目使用功能要求）。

系统集成范围通常包括楼宇自控系统、智能照明系统、视频监控系统、防盗报警系统、门禁管理系统、停车场系统、公共广播系统、信息发布系统、机房环动系统、消防报警系统等系统，同时集成平台应具备其他系统接口功能，以便后期项目各类增加需求的接入。

2.2　智能化集成系统要求

2.2.1　系统总体要求

以智能化集成系统的性质、用途为依据，以成熟性、先进性、实用性、经济性为原则，把系统中的各个分项功能子系统由各自独立的功能和信息集中组合为一个相互配合、完整和协调的集成系统，

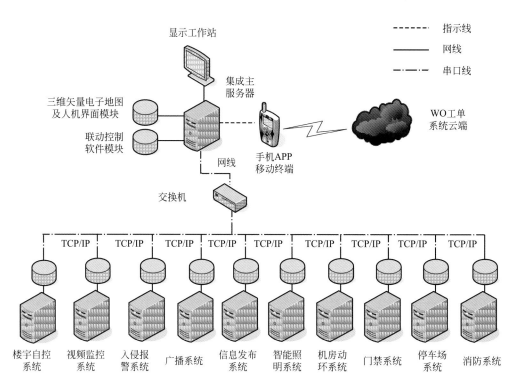

图 2-1　智能化集成系统拓扑图

使系统信息高度的共享和合理的分配。系统应从以下各方面达到相应要求：

（1）集成管理要求：作为整个建筑物的管理中枢，智能化集成系统无论是系统网络结构及集成系统软件均应体现成熟可靠的性能及先进的技术。

（2）分布式系统要求：因建筑面积大、监控设备分布范围广，系统设计需充分考虑这些特点，组成分布式控制的系统。

（3）安全性和可靠性要求：系统软件需提供很高的安全性措施，提供冗余系统等高可靠性系统结构设计及系统软件配置。

（4）管理平台要求：智能化集成软件必须提供高效、先进的管理功能、良好的用户界面等。

（5）系统的快速响应要求：建筑对于安保系统的快速响应要求较高，系统设计需充分考虑系统对报警的快速响应及相关系统报警联动的快速响应，为安保管理人员及时提供报警信息及现场图像。

（6）模块化的系统软件及硬件要求：提供模块化的系统软件及硬件，便于根据实际需求灵活地进行系统设计及今后扩展硬件及软件功能。

2.2.2　系统功能要求

智能化集成系统应达到如下具体功能要求：

（1）对各个智能子系统进行集中监测、控制和管理：集成系统将分散的、相互独立的智能化子系统，用相同的环境，相同的软件界面进行集中监视。各部门以及管理员可以通过分配的权限进行监视；可以看到保安、巡更的布防状况等等。这种监控功能是方便的，可以以生动的图形方式和方便的人机界面展示希望得到的各种信息。

（2）实现跨子系统的联动，提高建筑的功能水平：智能化系统实现集成以后，原本各自独立的子系统在集成平台的角度来看，就如同一个系统一样，无论信息点和受控点是否在一个子系统内，都可以建立联动关系。这种跨系统的控制流程，大大提高了建筑的自动化水平。这些事件的综合处理，在各自独立的智能化系统中是不可能实现的，而在集成系统中却可以按实际需要设置后得到实现，从而极大地提高了建筑的集成管理水平。

（3）提供开放的数据结构，共享信息资源：智能化系统控制着建筑内所有的机电设备，传统上各系统自成体系工作，并不和外界交换信息。智能化集成系统建立一个开放的工作平台，采集、转译各子系统的数据，建立对应系统的服务程序，接受网络上所有授权用户的服务请求，实现数据共享。这种网络环境下的分布式客户机/服务器结构使集成信息系统充分发挥其强大的功能。

（4）提高工作效率，降低运行成本：集成系统用软件功能代替硬件干接点联动方式，不仅节约，更增加了集成的信息量和系统功能。集成系统可以使管理人员在一台或多台电脑上，以相同的界面操作、管理各个智能化子系统，方便管理，也可以减少管理人员的人数，提高管理效率。

2.2.3 结构要求

系统通常基于三层体系结构：设备层、控制层和应用层，如图2-2所示。

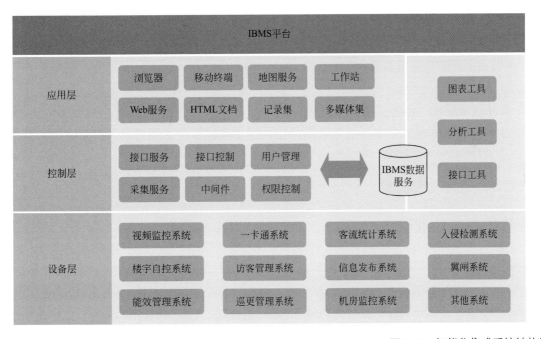

图2-2 智能化集成系统结构原理图

（1）设备层：该层由智能化集成系统中所包括的控制、子系统或设备的驱动程序以及相关的综合布线、通信、计算机网络系统所组成，该层主要完成对子系统现场控制设备的实时信息进行收集和处理。由于各个子系统可能采用不同的通信协议和数据格式，所以，该层的驱动系统应完成对不同的协议和数据格式的转换。即该完成将各子系统的不同通信协议及数据信息格式转换成上层（核心决策层）认可的协议和格式，同时将核心层处理后的信息转换成相应子系统认可的协议和格式。完成对各子系统的控制和管理。该层实际上起到了一个通信网关的作用，也可以称为通信网关（Communication Gateway）。

（2）控制层：该层是整个系统的关键部分，是整个系统的"神经中枢"，它完成的主要工作有：完成对由底层输入的各子系统的信息按内在的逻辑关系进行加工处理，将处理后的结果送到相应的数据库，通知上层以直观的方式显示。同时接受上层（GUI）授权操作人员发出的请求信息或系统的控制信息，对这些信息进行相应处理，并将结果通知驱动器层，由驱动器层通知相应子系统完成相应的动作。完成各子系统的联动功能处理，某一事件的发生不仅要引起该事件所属子系统的反应，而且会引起与之有关联的其他子系统采取相应的动作。这种联动关系由核心层来决策。

（3）应用层：该层是人机对话的窗口，一方面是将核心层处理过的信息用明了形象、直观的方式在计算机屏幕上显示出来，为用户提供实时监视和控制整个建筑的所有现场信息。另一方面，通过该层界面，用户可根据预先的设计完成对子系统的功能配置和设定，完成联动的设置和对系统的综合管理。

2.2.4 人机界面技术要求

集成系统是智能化系统管理的核心，要求在软件必须易学易用、操作简单、维护方便，具体为：

（1）各系统采用统一的三维矢量电子地图展示设备组态和图形界面（具体到每一个按钮、报警标识、提示文字等）。

（2）采用三维矢量电子地图、仿真三维图形显示各个子系统、设备信息，三维地图可展示楼体、楼层三维样貌，支持矢量缩放。

（3）要求平台具备丰富、可维护的图形库，使用者可以采用"拖放"的方法开发平台完成电子地图制作，在设置图形和相应设备之间的对应关联后，使用者就可以很方便地实现对建筑物内各设备的监控。

（4）各系统采用统一的数据命名格式。

（5）集成平台数据信息全部投射至液晶拼接大屏重点显示，以便管理人员及时清晰地了解平台信息。

2.3 智能化集成功能要求

2.3.1 浏览功能

在集成平台的设计与开发时，应充分考虑项目用户界面视觉识别系统（Visual Identity，VI）整体形象的人机界面设计，并对系统用户使用界面（User Interface，UI）做深入的考量，以简化、便利用户的操作，实现以下的浏览功能。

（1）建筑、设备系统的三维空间立体图纸、系统图优化，建立统一的建筑空间浏览方式，标记各不同功能区域。

（2）提供智能子系统、建筑空间位置的设备位置平面图及设备列表形式的浏览检索方法。

（3）提供各类整合系统的故障、报警及历史记录检索方式。

2.3.2 监视功能

集成平台应能授权调用地实现对各子系统的监视功能：

（1）机电系统各设备运行数据、故障、报警等信息实时监视。

（2）视频监视系统，各类设备的运行、故障信息实时监视。

（3）视频监视系统，实时监视图像的实时监视。

2.3.3 控制功能

集成平台应能授权调用地实现对各子系统的控制功能：

（1）实现楼宇自控系统机电设备控制、门禁、停车场系统的管理控制、广播系统区域控制、信息发布系统模式控制等控制方式。

（2）实现视频系统摄像头控制、矩阵控制、拼接大屏控制的链路式控制。

（3）实现照明的状态控制、内容控制的嵌套控制功能。

（4）实现机房环动系统的重点运行数据显示。

（5）实现消防系统的报警信息提示及联动控制。

2.3.4 查询报表功能

集成平台能提供工单列表、故障记录、报警记录、操作日志、系统日志、系统资料等多种信息的查询，并实现对查询结果可以打印、下载等基本操作。

2.3.5 用户管理功能

系统集成管理平台可实现多级系统管理员设置，根据不同用户的姓名、操作密码进行多级的权限设置，根据需要灵活划分人员操作级别和控制权限，以满足实现多区域、多级管理的需要。下级管理员只能在其授权范围内进行相应操作，而无权查阅或控制未被授权的范围。

2.3.6 权限设置功能

集成平台应具备统一的身份认证，包括且不仅限于用户权限、运营系统平台权限、子系统登录权限、内容访问权限、业务批转权限、业务申报及系统级访问管理权限等，权限分配应可映射到岗位、用户，权限范围包括只读、查看、申报、修改、批注、审核、通知等。

2.3.7 报修与工单处置功能

报修与派工是工程部重要的日常工作，也是管理的重点，报修与工单模块将使这些工作自动化、无纸化、可追溯，该模块通常功能包括：

（1）各部门授权人员能够登录管理平台报修交互界面，网上填写报修单并自动推送到服务中心故障池中；同时授权人员还能够通过本部门报修单列表跟踪报修处理状态，并对报修处理结果做出评价。

（2）另一个报修渠道是电话报修，工程部运行值班调度人员接到报修电话后打开报修单页面根据电话内容填写报修单并自动推送到故障池和报修部门的报修列表中。

（3）故障池中还包括系统自动监测的设备故障。工程部运行值班调度人员能够在故障列表页面将各类故障转成工单并指派给对应的维保团队（工种或个人）；创建好的工单自动被推送到工单池中。

（4）维保团队的当班员工能够从工单池中自动筛选出属于本团队的工单，并接单进行维护工作；如果维修员工在现场核检判断故障非属本团队范围的工作并超出本人能力或者当时不具备维修条件，可以将工单退转其他工种或暂时挂起。

2.3.8 手机APP移动办公功能

　　某些项目可引入了移动管理的概念，其具体原理是利用移动设备随时、随地登录系统，进行物业现场业务流程处理、工作批示转接等工作。可通过手机APP进行工单管理功能、设备巡检功能、派单及统计功能、公共工单、已接工单、考勤功能、重点位置视频监控画面查看功能、设备健康度、能耗数据、环境舒适度数据等可视化数据信息。系统的移动办公通常包括以下几个子模块，当然这些子模块也能够根据需要适当调整组合。

　　（1）综合信息浏览与查询子模块，此模块配合手机APP针对领导的需求，实时推送当前物业机电设备运行状况。

　　（2）视频浏览子模块，此模块配合手机APP能够根据授权调看物业内部任意摄像头的视频信号。

　　（3）报修子模块，此模块配合手机APP随时报修，此模块一个显著特点是能够利用手机将报修项目现状拍照上传，方便工程部运行值班调度人员判断故障。

　　（4）工单执行子模块，此模块APP可以安装Pad端或手机端，安装在Pad端的优势是Pad的屏幕比较大，可以显示更多信息，安装在手机端的优势是携带方便。利用此模块，维修人员可以随时接单并了解维修内容，结合现场设备条形码或二维码扫描，工程部运行值班调度人员可以实时掌握工单处理进度。

　　（5）设备巡检子模块，同样设备巡检是工程部重要日常工作之一，是设备运行的主要保障手段，此模块APP可以安装Pad端或手机端，安装在Pad端的优势是Pad的屏幕比较大，可以显示更多信息，安装在手机端的优势是携带方便。工程部运行值班调度人员可以实时掌握设备巡检进度，同时巡检人员一旦发现设备故障能够立即通过移动端发出报修单。

第3章　信息设施系统

信息设施系统包括信息接入系统、布线系统、通信系统、信息网络系统、无线对讲系统、有线电视网络及卫星电视接收系统、广播系统及其他相关的信息系统。

3.1　信息接入系统

信息接入系统的设计应符合以下原则：

（1）接入网的容量和路由，在通信发展规划的基础上，考虑满足相应年限的需要，并与已建和后续工程相结合确定。

（2）接入网应考虑整体性，满足多家电信业务经营者（含本地有线电视网络公司等）平等接入的条件，满足建筑（建筑群）有线和无线接入网的需求，并明确设计单位、建设单位与电信业务经营者的实施界面。

（3）提供电信网、互联网、广播电视网和智能电网四网融合的功能，建设资源共建共享的网络基础设施。

（4）优先选择管道埋地敷设方式，实现接入网的隐蔽入地，不破坏自然环境和景观。

（5）设置运营商机房时，应征询当地电信业务经营者的使用需求，确定机房面积和基础条件。

3.2　布线系统

布线系统应根据各类建筑的业务性质、使用功能、管理要求等因素合理地进行网络规划和系统设计。

3.2.1　了解建筑物的功能

了解建筑物的功能包括办公楼、出租写字楼、政务办公楼、学校、住宅、商业等单一功能或多功能建筑。了解建筑物内所涉及的弱电各系统（如通信网络系统、计算机网络系统、建筑设备自动化系统、安全防范系统）的功能和构成。

3.2.2　考虑建筑的所有相关问题

了解整体建筑结构（钢筋混凝土、预制或后加固钢筋混凝土、钢筋混凝土金属盖板等）；了解各功能用房的使用性质及物理结构（拆装墙板、混凝土或预制、挡板式空间），了解家具安装的类型（独立办公桌、配置线路的家具）。根据建筑结构的类型选择系统使用的主干或配线子系统线缆路由；根据功能用房的性质选择安装水平介质时采用的组合方式；根据家具安装的类型选择插座的种类。

3.2.3　确定综合布线系统的类型

依据《综合布线系统工程设计规范》GB 50311-2016、《智能建筑设计标准》GB 50314-2015和建筑功能及用户提出的对综合布线系统的要求，确定建筑各功能区的信息点数量配置类型，如表3-1～表3-11所示。

办公建筑工作区面积划分与信息点　　　　　　　　　　　　　　　　　　　　　　　表 3-1

项目		办公建筑	
		行政办公建筑	通用办公建筑
每一个工作区面积（m²）		办公：5～10	办公：5～10
每一个用户单元区域面积（m²）		60～120	60～120
每一个工作区信息插座类型与数量	RJ45	一般：2个，政务：2～8个	2个
	光纤到工作区 SC 或 LC	2个单工或1个双工或根据需要设置	2个单工或1个双工或根据需要设置

商业建筑和旅馆建筑工作区面积划分与信息点　　　　　　　　　　　　　　　　　　表 3-2

项目		商店建筑	旅馆建筑
每一个工作区面积（m²）		商铺：20～120	办公：5～10，客房：每套房，公共区域20～50，会议：20～50
每一个用户单元区域面积（m²）		60～120	每一个客房
每一个工作区信息插座类型与数量	RJ45	2～4个	2～4个
	光纤到工作区 SC 或 LC	2个单工或1个双工或根据需要设置	2个单工或1个双工或根据需要设置

文化建筑和博物馆建筑工作区面积划分与信息点配置　　　　　　　　　　　　　　　表 3-3

项目		文化建筑			博物馆建筑
		图书馆	文化馆	档案馆	
每一个工作区面积（m²）		办公阅览：5～10	办公：5～10，展示厅：20～50，公共区域：20～60	办公：5～10，资料室：20～60	办公：5～10，展示厅：20～50，公共区域：20～60
每一个用户单元区域面积（m²）		60～120	60～120	60～120	60～120
每一个工作区信息插座类型与数量	RJ45	2个	2～4个	2～4个	2～4个
	光纤到工作区 SC 或 LC	2个单工或1个双工或根据需要设置	2个单工或1个双工或根据需要设置	2个单工或1个双工或根据需要设置	2个单工或1个双工或根据需要设置

观演建筑工作区面积划分与信息点配置　　　　　　　　　　　　　　　　　　　　　　　表 3-4

项目		观演建筑		
		剧场	电影院	广播电视业务建筑
每一个工作区面积（m²）		办公区：5 ~ 10，业务区：50 ~ 100	办公区：5 ~ 10，业务区：50 ~ 100	办公区：5 ~ 10，业务区：5 ~ 50
每一个用户单元区域面积（m²）		60 ~ 120	60 ~ 120	60 ~ 120
每一个工作区信息插座类型与数量	RJ45	2 个	2 个	2 个
	光纤到工作区 SC 或 LC	2 个单工或 1 个双工或根据需要设置	2 个单工或 1 个双工或根据需要设置	2 个单工或 1 个双工或根据需要设置

体育建筑和会展建筑工作区面积划分与信息点配置　　　　　　　　　　　　　　　　　　表 3-5

项目		体育建筑	会展建筑
每一个工作区面积（m²）		办公区：5 ~ 10，业务区：每比赛场地（记分、裁判、显示、升旗等）5 ~ 50	办公区：5 ~ 10，展览区：20 ~ 100，洽谈区：20 ~ 50，公共区域：60 ~ 120
每一个用户单元区域面积（m²）		60 ~ 120	60 ~ 120
每一个工作区信息插座类型与数量	RJ45	一般：2 个	一般：2 个
	光纤到工作区 SC 或 LC	2 个单工或 1 个双工或根据需要设置	2 个单工或 1 个双工或根据需要设置

医疗建筑工作区面积划分与信息点配置　　　　　　　　　　　　　　　　　　　　　　　表 3-6

项目		医疗建筑	
		综合医院	疗养院
每一个工作区面积（m²）		办公：5 ~ 10，业务区：10 ~ 50，手术设备室：3 ~ 5，病房：15 ~ 60，公共区域：60 ~ 120	办公：5 ~ 10，疗养区域：15 ~ 60，业务区：10 ~ 50，养员活动室：30 ~ 50，营养食堂：20 ~ 60，公共区域：60 ~ 120
每一个用户单元区域面积（m²）		每一个病房	每一个疗养区域
每一个工作区信息插座类型与数量	RJ45	2 个	2 个
	光纤到工作区 SC 或 LC	2 个单工或 1 个双工或根据需要设置	2 个单工或 1 个双工或根据需要设置

教育建筑工作区面积划分与信息点配置　　　　　　　　　　　　　　　　　　　　　　　表 3-7

项目		教育建筑		
		高等学校	高级中学	初级中学和小学
每一个工作区面积（m²）		办公：5 ~ 10，公寓、宿舍：每一套房 / 每一床位，教室：30 ~ 50，多功能教室：20 ~ 50，实验室：20 ~ 50，公共区域：30 ~ 120	办公：5 ~ 10，公寓、宿舍：每一床位，教室：30 ~ 50，多功能教室：20 ~ 50，实验室：20 ~ 50，公共区域：30 ~ 120	办公：5 ~ 10，教室：30 ~ 50，多功能教室：20 ~ 50，实验室：20 ~ 50，公共区域：30 ~ 120，宿舍：每一套房
每一个用户单元区域面积（m²）		公寓	公寓	—
每一个工作区信息插座类型与数量	RJ45	2 ~ 4 个	2 ~ 4 个	2 ~ 4 个
	光纤到工作区 SC 或 LC	2 个单工或 1 个双工或根据需要设置	2 个单工或 1 个双工或根据需要设置	2 个单工或 1 个双工或根据需要设置

表 3-8

交通建筑工作区面积划分与信息点配置

项目		交通建筑			
		民用机场 航站楼	铁路 客运站	城市轨道 交通站	汽车 客运站
每一个工作区面积（m²）		办公区：5～10，业务区：10～50，公共区域：50～100，服务区：10～30	办公区：5～10，业务区：10～50，公共区域：50～100，服务区：10～30	办公区：5～10，业务区：10～50，公共区域：50～100，服务区：10～30	办公区：5～10，业务区：10～50，公共区域：50～100，服务区：10～30
每一个用户单元区域面积（m²）		60～120	60～120	60～120	60～120
每一个工作区信息插座类型与数量	RJ45	一般：2个	一般：2个	一般：2个	一般：2个
	光纤到工作区 SC 或 LC	2个单工或1个双工或根据需要设置	2个单工或1个双工或根据需要设置	2个单工或1个双工或根据需要设置	2个单工或1个双工或根据需要设置

金融建筑工作区面积划分与信息点配置 表 3-9

项目		金融建筑
每一个工作区面积（m²）		办公区：5～10，业务区：5～10，客服区：5～20，公共区域：50～120，服务区：10～30
每一个用户单元区域面积（m²）		60～120
每一个工作区信息插座类型与数量	RJ45	一般：2～4个，业务区：2～8个
	光纤到工作区 SC 或 LC	4个单工或2个双工或根据需要设置

住宅建筑工作区面积划分与信息点配置 表 3-10

项目		住宅建筑
每一个房屋信息插座类型与数量	RJ45	电话：客厅、餐厅、主卧、次卧、厨房、卫生间：1个，书房：2个 数据：客厅、餐厅、主卧、次卧、厨房：1个，书房：2个
	同轴	有线电视：客厅、主卧、次卧、书房、厨房：1个
	光纤到桌面 SC 或 LC	根据需要，客厅、书房：1个双工
光纤到住宅用户		满足光纤到户要求，每一户配置一个家居配线箱

通用工业建筑工作区面积划分与信息点配置 表 3-11

项目		通用工业建筑
每一个工作区面积（m²）		办公：5～10，公共区域：60～120，生产区：20～100
每一个用户单元区域面积（m²）		60～120
每一个工作区信息插座类型与数量	RJ45	一般：2～4个
	光纤到工作区 SC 或 LC	2个单工或1个双工或根据需要设置

3.2.4 确定综合布线系统的等级

根据用户的建设要求或建筑物内综合布线系统所涉及的弱电各系统（通信网络系统、计算机网络系统、建筑设备自动化系统、安全防范系统）的传输标准要求，选择综合布线系统的等级（如D+级、E级、F级或光纤）。综合布线系统等级如表3-12所示。

综合布线系统等级				表 3-12
系统分级	系统产品类别	支持最高带宽（Hz）	支持应用器件	
			电缆	连接硬件
A	—	100k	—	—
B	—	1M	—	—
C	3 类（大对数）	16M	3 类	3 类
D	5 类（屏蔽和非屏蔽）	100M	5 类	5 类
E	6 类（屏蔽和非屏蔽）	250M	6 类	6 类
E_A	6_A 类（屏蔽和非屏蔽）	500M	6_A 类	6_A 类
F	7 类（屏蔽）	600M	7 类	7 类
F_A	7_A 类（屏蔽）	1000M	7_A 类	7_A 类

3.2.5 工作区设计

工作区面积需求划分与建筑物的功能类型对应表如表3-13所示。

工作区面积需求划分与建筑物的功能类型对应表	表 3-13
建筑物类型及功能	工作区面积（m²）
网管中心、呼叫中心、信息中心等座席较为密集的场地	3 ~ 5
办公区	5 ~ 10
会议、会展	10 ~ 60
商场、生产机房、娱乐场所	20 ~ 60
体育场馆、候机室、公共设施区	20 ~ 100
工业生产区	60 ~ 200

3.2.6 配线子系统设计

依据超高层建筑平面图纸，确定各平层布线系统配线设备放置位置（电信间）水平配线路由，满足配线设备与工作区信息插座之间的水平缆线长度在90m范围内。每个工作区信息点数量按用户的性质、网络构成和需求确定，如表3-14所示。

每个工作区信息点数量				表 3-14
建筑物功能区	信息点数量（每一工作区）			备注
	电话	数据	光纤（双工端口）	
办公区（基本配置）	1 个	1 个	—	—
办公区（高配置）	1 个	2 个	1 个	对数据信息有较大的需求
出租或大客户区域	2 个或 2 个以上	2 个或 2 个以上	1 个或 1 个以上	指整个区域的配置量
办公区（政务工程）	2 ~ 5 个	2 ~ 5 个	1 个或 1 个以上	涉及内、外网络时

办公型大开间区域可考虑终端未来可能产生的移动、修改和重新安排的条件，采用多用户信息插座和集合点的配置方式。

用户对电磁兼容性要求较高的区域，按照屏蔽布线系统设计，并注意与其他系统保持必要间距。

3.2.7　干线子系统设计

确定干线缆线中语音主干和数据主干的线缆选型，语音主干采用大对数线缆，网络主干采用光缆或4对对绞线缆，对数或芯数的确定应满足工程的实际需求，并留有适当的备份容量。

语音主干对数按每一个语音信息点（8位模块）配置1对线，当采用ISDN用户终端（S接口——4线接口）时，主干线缆应按2对线配置；并在总需求线对的基础上至少预留约10%的备用线对。数据主干光缆芯数按照网络配置情况而定。光缆分为多模光纤和单模光纤，不同介质支持网络及传输距离。

3.2.8　设备间设计

确定设备间与网络机房、程控交换机房（模块局）的关系，确定设备间的位置及空间大小，向相关专业提出设备间的工艺要求，包括温湿度、通风、供电、接地等条件。

3.2.9　建筑群子系统设计

根据各建筑子系统的相互关系、连接路由条件及相互的间距，确定建筑群子系统的缆线类型、敷设路由及根数。

3.2.10　系统对供电及接地系统提出的要求

电信间、设备间的供电要求，工作区的供电方式要求。系统在遇到外界干扰时采取的防护措施，系统接地、系统屏蔽接地、系统配线设备接地、系统信息插座接地、系统金属保护管（槽）接地、系统受到供电系统影响的保护，系统过压过流及谐波干扰保护。

3.3　通信系统

通信系统主要包括用户电话交换系统、虚拟交换机、内通系统、移动通信室内信号覆盖系统和卫星通信系统等。

有线通信系统可采用本地电信业务经营者所提供的虚拟交换机，也可设置独立的用户电话交换系统。

电话用户数量的确定应根据用户（单位）的类别、应用的对象、使用功能以及用户单位可能提供的数量，并结合物业管理部门的实际需要，以及近远期发展规划综合考虑来确定。

当无法获得这些数据时，可参照表3-15指标计算。

类别	使用面积每 $10m^2$		类别	使用面积每 $10m^2$	
	外线回线数	内线回线数		外线回线数	内线回线数
公司办公楼	0.5	1.5	报社	0.5	2
政府机关	0.5	1.5	银行	0.5	1.5
商务大楼	0.5	1.5	医院	病房 0.03	病房 0.03
证券公司	0.5	1.5		办公 0.2	办公 0.5
广播电视楼	0.2	1	公寓住宅	1 ~ 2	1
百货公司	商场 0.02	商场 0.2			
	办公 0.5	办公 1.5			

在实际应用中，按表中标准1.2倍考虑。

公寓住宅按每户为单位设置外线和内线（电话机）数量。

3.3.1 电话回线的设计标准数

（1）用户交换机初装容量计算：初装容量=1.3［目前所需门数+（3～5）年内近期增容数］。

（2）用户交换机终端容量计算：终装容量=1.2［目前所需门数+（10～20）年内远期发展增容数］。

3.3.2 电话机房内中继线设计原则及种类与数量的确定

（1）电话机房内中继线的设计原则：数字用户交换机除了其楼内用户相互之间通信的基本功能外，还要通过出、入中继线来实现楼内户用与公用电话交换网上的用户（包括其他用户交换机）之间的信息交换。中继方式设计的原则是：以节约用户方的投资、提高当地电话局局用设备和线路的利用率，并与传输设备配合，达到信号传输标准的要求，确保通信的质量，便于实现长途通信的自动化。由于通信机房对外中继线与当地电话局公用电话交换网的连接方法密切相关，所以在设计智能建筑对外通信线路时，须与当地电信局有关部门充分讨论后，加以确定。

（2）电话机房内中继线的种类：

① 按中继线对来分，可分单向、双向、和单双向混合中继线对三种类型。

② 双向中继线对只用于需要中继线群很少的通信设备上，以便提高中继线的利用率。

③ 建筑物内各通信设备与公用电话网直接连接的用户线（双向）。

（3）电话机房内中继线的数量的确定：

① 通常50门以上的用户交换机均采用单向中继线对，而50门以下的用户交换可采用双向中继线对，以节省单向中继线的对数，提高中继线的利用率。

② 用户交换机中继线数量的确定。当用户对公用网的话务量大时，则中继线应大于规定的数目。当用户交换机入网分机数超过500线用户时，其接装中继线数，应按实际话务量进行计算。实际设计过程中，用户交换机中继线数量一般按总机容量的10%左右来考虑，或查出交换机本身的中继线配置来确定。当分机用户对公网话务量很大时，可按照总机容量的15%～20%来考虑。

3.4　信息网络系统

信息网络系统应根据建筑的使用需求、运营模式、业务性质、应用功能及环境安全对系统进行网络规划和性能设计，网络规划宜设置为业务网和设备网等。当建筑规模较大、系统可靠性要求较高、有管理需要时，业务网可细分为内网、外网，设备网可细分为控制网、安防网等。

信息网络系统设计应遵循以下步骤。

3.4.1　用户调查与分析

用户调查与分析，这是最首先要做的，也是在正式进行系统设计之前需要做的。俗语说"没有调查就没有发言权"，这里做需求分析的原因也在这里。我们是为用户设计网络系统，那么用户自己对所设计的系统到底有什么要求和期望呢？这就需要我们充分去向用户了解，然后通过了解到的数据分析出新系统的设计方向和设计方法。设计人员应做好以下几个方面的需求分析工作。

1. 一般状况调查

在设计具体的网络系统之前，先要比较确切地了解用户当前和未来五年内的网络规模发展，还要分析用户当前的设备、人员、资金投入、站点分布、地理分布、业务特点、数据流量和流向，以及现有软件和通信线路使用情况等。从这些信息中可以得出新的网络系统所应具备的基本配置需求。

2. 性能和功能需求调查

就是向用户（通常是公司总经理或者IT经理、项目负责人等）了解用户对新的网络系统所希望实现的功能、接入速率、所需存储容量（包括服务器和工作站两方面）、响应时间、扩充要求、安全需求，以及行业特定应用需求等。这些都非常关键，一定要仔细询问，并做好记录。

3. 应用和安全需求调查

这两个方面在整个用户调查中也非常重要，特别是应用需求，这决定了所设计的网络系统是否满足用户的应用需求。安全需求方面的调查，在当今网络安全威胁日益增强、安全隐患日益增多的今天就显得格外重要。一个安全没有保障的网络系统，再好的性能、再完善的功能、再强大的应用系统都没有任何意义。

4. 成本/效益评估

根据用户的需求和现状分析，对设计新的网络系统所需要投入的人力、财力、物力，以及可能产生的经济、社会效益进行综合评估。这项工作是集成商向用户提出系统设计报价和让用户接受设计方案的最有效参考依据。

5. 书写需求分析报告

详细了解用户需求、现状分析和成本/效益评估后，就要以报告的形式向用户和项目经理人提出，以此作为下一步正式的系统设计的基础与前提。

3.4.2　网络系统规划方案

在全面、详细地了解了用户需求，并进行了用户现状分析和成本/效益评估后，在用户和项目经理人认可的前提下，就可以正式进行网络系统设计了。首先需给出一个初步的方案，其中主要包括以下几个方面：

1．确定网络的规模和应用范围

确定网络覆盖范围（这主要是根据终端用户的地理位置分布布定）、定义网络应用的边界（着重强调的是用户的特定行业应用和关键应用，如MIS系统、ERP系统、数据库系统、广域网连接、企业网站系统、邮件服务器系统等）。

2．统一建网模式

根据用户网络规模和终端用户地理位置分布确定网络的总体架构，比如是集中式，还是要分布式，是采用客户机/服务器模式，还是对等模式等。

3．确定初步方案

将网络系统的初步设计方案用文档记录下来，并向项目经理人和用户提交，审核通过后方可进行下一步运作。

3.4.3　网络系统详细设计

1．网络协议体系结构的确定

根据应用需求，确定用户端系统应该采用的网络拓扑结构类型，可选择的网络拓扑通常包括总线型、星形、树形和混合型等四种。如果涉及广域网系统，则还需确定采用哪一种中继系统，确定整个网络应该采用的协议体系结构。

2．节点规模设计

确定网络的主要节点设备的档次和应该具备的功能，这主要是根据用户网络规模、网络应用需求和相应设备所在的网络位置而定。局域网中核心层设备最高档，汇聚层的设备性能次之，边缘层的性能要求最低。广域网中，用户主要考虑的是接入方式的选择，因为中继传输网和核心交换网通常都是由NSP提供的，无需用户关心。

3．确定网络操作系统

一个网络系统中，安装在服务器中的操作系统决定了整个网络系统的主要应用和管理模式，也基本上决定了终端用户所能采用的操作系统和应用软件系统。

4．选定通信介质

根据网络分布、接入速率需求和投资成本分析为用户端系统选定适合的传输介质，为中继系统选定的传输资源。在局域网中，通常是以超六类/六A类双绞线为传输介质的，而在广域网中则主要是电话铜线、光纤、同轴电缆作为传输介质，具体要视所选择的接入方式而定。

5．网络设备的选型和配置

根据网络系统和计算机系统的方案，选择性能价格比最好的网络设备，并以适当的连接方式加以有效的组合。

6．结构化布线设计

根据用户的终端节点分布和网络规模设计整个网络系统的结构化布线图，在图中要求标注关键节点的位置和传输速率、传输介质、接口等特殊要求。结构化布线图要符合结构化布线国际、国内标准，如EIA/TIA 568A/B、ISO/IEC 11801等。

7．确定实施方案

最后确定网络总体及各部分的详细设计方案，并形成正式文档供审核，以便及时地发现问题，及时纠正。

3.4.4 用户和应用系统设计

前面三个步骤是设计网络架构的，接下来要做的是进行具体的用户和应用系统设计。其中包括具体的用户计算机系统设计和数据库系统、MIS管理系统选择等。具体包括以下几个方面：

1. 应用系统设计

分模块地设计出满足用户应用需求的各种应用系统的框架和对网络系统的要求，特别是一些行业特定应用和关键应用。

2. 计算机系统设计

根据用户业务特点、应用需求和数据流量，对整个系统的服务器、工作站、终端以及打印机等外设进行配置和设计。

3. 系统软件的选择

为计算机系统选择适当的数据库系统、MIS管理系统及开发平台。

4. 机房环境设计

确定用户端系统的服务器所在机房和一般工作站机房环境，包括供电、照明、接地、温度、湿度、通风等要求。

5. 确定系统集成要求

将整个系统涉及的各个部分加以集成，并最终形成系统集成的正式文档。

3.5 无线对讲系统

考虑到建筑封闭空间内对无线信号的阻挡和衰减远远高于室外和普通建筑条件。所以物业及安保部门运营保障及突发情况下的对讲机通信，必须要建设一套专业的数字无线对讲机专网覆盖系统才能实现。

组网规划设计及指标规划如表3-16、表3-17所示。

系统组网设计规划	表 3-16
项目	需求
功能规划	**配置系统** 运营专用系统：采用400MHz DMR数字通信系统。保持至少并4个本地通信通道用于日常运营主要包括运营管理、设备维修、客户服务、安全保卫、人员集散、车辆引导等管理部门语音及数据通信的需求；采用数字集群通信模式，实现不少于8个逻辑信道编组，支持不少于8个部门使用。 消防通信系统：按当地消防需求建设相关系统，支持350MHz通信模式系统。用于灾害状态下，应急消防救灾人员通信所需。 **通信模式** 运营专用系统：对讲机终端可实现组呼、一对一呼叫的功能；对讲机终端可实现数字文本信息传送功能。 **应用功能设立** 运营专用系统通过设立系统应用业务平台实现管理语音通信外的配套综合管理所需功能： ①系统具备监控功能，实现系统运行健康度可视化。 ②系统采用跨频段合路器的方式进行消防系统与物业对讲系统连接
组网规划	通信系统采用无线数字集群工作方式，以信道和分组对应方式进行配置； 采用智能共享Capacity Plus，最大限度地利用频率资源； 采用光纤传输与射频共用的方式，提高信号传输效率。 其中消防通信系统与常规物业无线对讲系统采用跨频段合路的方式，共用一套天馈系统
安全规划	本系统物业使用的所有频率、基站、手持机均获得当地无线电管理局的批准，所使用频率为本项目管理单位专用频率

表 3-17

指标名称	指标要求
信号覆盖强度	项目规划区域内所有位置 95% 位置的接收信号电平大于或等于 −95dBm； 机房、变电所等电气化区域（信号干扰区域）95% 位置的接收信号电平大于或等于 −85dBm； 所有覆盖区域信噪比不低于 12dB
语音通信的建立时间	对讲机发起呼叫至接通所需的时间不高于 100ms
忙时信道呼损率	语音呼叫低于 2%； 数据呼叫低于 5%，重发次数不高于 3 次
终端发射功率	覆盖区域内，手持终端的发射功率不高于 +30dBm； 室内分布天线终端的发射功率不高于 +15dBm
通话质量	以基站为信源的分布区域，话音质量为 3 以下的小于 2% 以放大设备为信源的分布区域，话音质量为 3 分以下的小于 5% 在通话过程中话音清晰无噪声，无断续，无串音等现象 按话音质量等级（MOS）的主观判断标准要求即： 5 级 - 优秀； 4 级 - 良好，有轻微噪声； 3 级 - 有噪声，但不影响通话，仍可以接受； 2 级 - 较大噪声，通话困难； 1 级 - 无法通话
上行噪声电平	在基站接收端接收到的上行噪声电平小于 −120dBm/200kHz
信号外泄	室内信号泄漏至室外建筑红线外 3km 处的信号强度应不高于 −105dBm 或低于室外该频率信号 12dB

3.5.1　系统设计方案

1. 系统设计总体架构说明

整个无线对讲即时通信系统由两个系统架构及系统监控功能组成：

1) 运营用数字对讲机系统

物业无线对讲系统包含提供项目区域运营即时通信语音/数据交换功能；消防救灾对讲系统包含提供灾害状态下，应急消防救灾人员通信所需。

2) 无线对讲室内外天馈传输系统

在人流密集的超高层建筑中，通信需考虑建筑应急救灾、处突保障的通信需求，规划采用宽频段的天馈设备和合路平台，利用多信号合路方式帮助用户共享一套天馈传输系统实现物业/消防应急的共同收发，避免天馈设备的重复建设。

系统将运营用数字对讲系统的对讲机载波信号进行合并整合，按项目的不同区域进行分别双向传输，以达到信号能覆盖整个区域的目的。

3) 系统监控功能

系统应具备监控网管功能，可实时远程监控主要有源发射设备（除消防基站外）工作状态。

2. 物业运营数字对讲机系统设计方案

整个无线对讲即时通信系统架构如下：

1) 物业对讲系统

根据项目物业运营要求的即时通信特点，采用集群系统来提供通信交换服务。系统由中继台和交换机连接而构成，系统设计为 4 个数字载波信道组成的基站，一共提供 8 个语音/数据信道，语音中继台也同时可以提供全信道的数据传输服务。因此系统既满足用户对通话量的要求，也满足用户对数据传输应用的要求。

2）消防对讲系统

建设本地消防3信道消防应急救灾指挥系统，供消防部门使用，消防通信系统与常规物业无线对讲系统采用跨频段的方式，共用一套天馈系统。用于灾害状态下，应急消防救灾人员通信所需。

3. 系统信号覆盖天馈传输设计方案

1）天馈布点原则

室内全向天线覆盖范围：半径25m左右，室内天线布置位置：通常布置在建筑物内电梯厅、核心走廊、楼梯、走道、重要机房和地下室公共区域等，室外公共区域可通过布置室外天线覆盖。天线布置如图3-1所示。

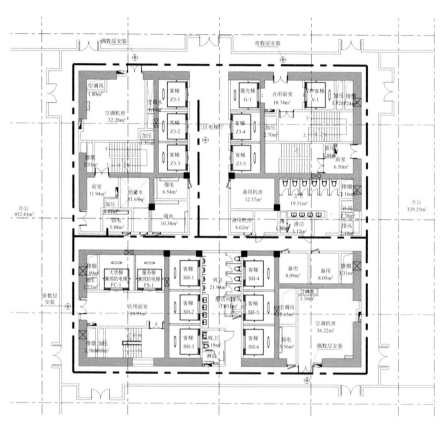

图3-1 天线布置示意图

2）多频段合路设计

为满足消防和物业常规无线对讲使用需求，避免反馈系统的重复建设，节约投资成本，本项目天馈部分采用宽频设备，满足消防的无线通信工作频段并支持400MHz民用无线对讲工作频段。消防和物业部门各自无线对讲信源通过同频合路的方式引入室内天馈分布系统，实现收发共缆。多频段合路设计结构图如图3-2所示。

3）光纤拉远

系统主机位于消防安保中心内，采用光纤链路配合射频传输的方式，通过光纤射频中继远端设备的方式完成分区的信号增强覆盖，分区中心可以更有效地完成本地的信号传输任务，并将区域通信信息提交给中心系统进行处理。光纤架构示意图如图3-3所示。

4）室内覆盖

项目的室内区域存在大量的隔断，严重影响和削弱着信号在空间内的传输距离，因此需要采用高密度的室内天馈系统来完成室内信号的可靠覆盖，室内分布系统的设计尤为重要，是完成可靠的通信链中非常重要的组成部分。

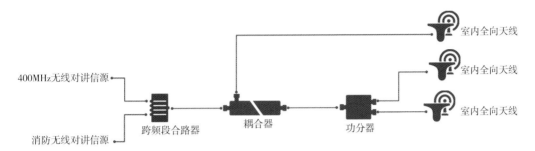

图3-2　多频段合路设计结构图

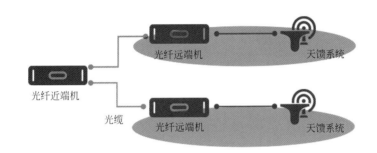

图3-3　光纤架构示意图

采用分区中继增强信号的方式，可以更好地吸收区域话务量给核心基站进行处理，扩大核心信源的业务处理效率和提高区域信号的覆盖深度，类似室内的机房及地下空间将获得更加优秀的信号质量。室内覆盖组网示意图如图3-4所示。

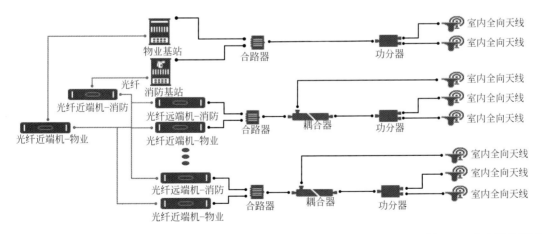

图3-4　室内覆盖组网示意图

5）室外覆盖

室外区域因为区域空间开阔，障碍少，对讲信号很容易传播和被对讲机接收，因此采用低密度/高点架设的室外天线即可完成区域覆盖。室外覆盖示意图如图3-5所示。

4. 扩展业务系统设计方案

根据使用单位的管理特点，系统通过添设相应的应用功能业务服务器及配套组件，实现用户一些除基本语音数据通信外的增值业务功能。这些功能将为用户提供更为高效的管理手段以及更严谨的安全防护方式。扩展业务系统设计方案如图3-6所示。

系统配置监控服务器，实时显示系统运行状态、设备运行数据、故障告警等信息。

3.5.2 系统功能

1. 基础功能

1）语音功能

（1）单呼。可以提供给用户私密呼叫的功能，即使呼叫双方并不在同一个通话组中也能通话。可以使两个对讲机之间进行一对一通信。

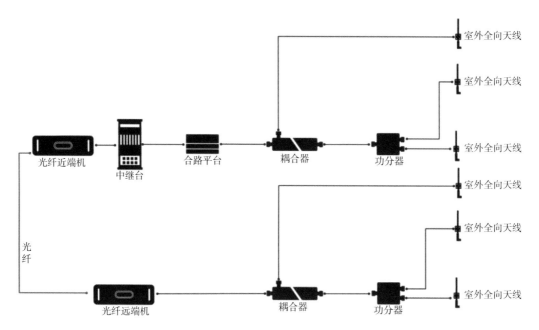

图3-5 室外覆盖示意图

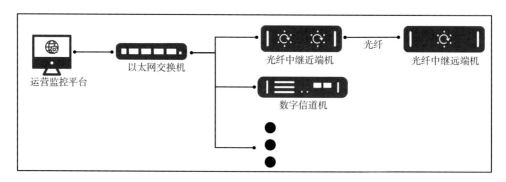

图3-6 扩展业务系统设计规划结构图

（2）组呼。组呼是集群通信最基本的呼叫，它允许移动台与一组用户进行一对多的通话，移动台缺省是工作在组呼模式下，而且非常便于发起和接收组呼。

每个移动台可被编程多个通话组，用户可以很简单地选择进入一个通话组，也可以随时进入另一个通话组。一旦选择一个通话组，移动台不需任何动作，便可自动监听接收这个组的呼叫。要发起一个呼叫，用户仅需按下PTT即可讲话。

（3）全呼。网络全呼允许对讲机呼叫网络里所有基站下的对讲机。

（4）传输发射中断。传输发射中断是一项非常强大的功能，它能够允许特定的用户机，通常是领导用的对讲机，强行中断另一正在发射的对讲机对信道的占用，即让其中断发射，以便利用这一信道传输更重要的信息。这也就是我们所说的，高优先级用户具有打断低优先级用户而进行更重要通话的权利。

2）信令功能

（1）身份显示。该功能有助于目标对讲机识别呼叫发起方。如果在对讲机做相应的配置，发起方用户名也能被显示出来。

（2）对讲机遥毙/遥开。在专业无线通信网中，一个丢失的或被盗的移动台会对系统造成威胁，因为可能有人非法监听通信过程，或干扰系统的正常工作。这时，主管对讲机可利用该功能，通过无线信令，遥毙另一台对讲机。当问题解决后，主管对讲机可通过无线信令，重新恢复已遥毙的这一台对讲机原来的功能。

（3）遥控监听。远端用户可以利用这个功能，在一段时间内激活目标对讲机的麦克风和发射机。从而不被察觉地在目标对讲机上建立呼叫，并远程控制其PTT功能。而最终用户对此却一无所知。目标对讲机上呼叫传输的时间可通过CPS进行配置。当收到远程监控命令时，目标对讲机发起一个私密呼叫给发起远程监控命令的对讲机。

该功能主要用于探明已开机但无响应的目标对讲机的状态。在以下情形下，能体现出远程监控的好处：对讲机被窃、用户不会使用对讲机、紧急呼叫发起方在紧急状况下进行免提通信。

（4）对讲机检查。利用检查对讲机这个功能，发起方对讲机可以在目标对讲机用户没有察觉的情况下检查系统中的对讲机是否处于激活状态。除了繁忙LED指示灯，目标对讲机上不会出现可以看见或听见的指示。目标对讲机将不知不觉地自动向发起方对讲机发送一条确认消息。

这个功能用于决定目标对讲机是否可用。如果对讲机用户无响应，那么，可以借助检查对讲机功能，确定目标对讲机是否开机并监控信道。如果目标对讲机发出了确认消息，那么，发起方可以执行其他操作，如发出远程监控命令，激活目标对讲机的PTT。

（5）呼叫提示。利用呼叫提示功能，发起方对讲机用户可以寻呼另一位对讲机用户。当目标对讲机收到呼叫提示命令后，将发出持续的视听提示，并显示该呼叫提示的发起方。如果用户没有将对讲机带在身边，该提示将一直保持，直到用户清掉呼叫提示。如果当呼叫提示屏幕处于激活状态时，目标对讲机用户按下了PTT键，那么，目标对讲机会向该呼叫提示的发起方发私密呼叫。对于车载台，该功能常常与喇叭和车灯结合使用。当用户不在车内时，呼叫提示可以使车辆的喇叭鸣叫、车灯闪烁，从而告知用户返回车辆，呼叫发起方。

2．扩展应用功能

1）云平台运营监控功能

系统云平台监控管理平面图如图3-7所示。

2）监控功能界面显示

（1）系统运营情况可视化。全系统的网络结构、通信方式、资源状态、突发事件、设备告警都可以一目了然，用户可轻松查看和监视系统当前使用情况，实时展现系统和用户通信活动情况。

（2）日志和分析报告输出。系统信息、报告、报表可定向定期推送。每一份报表存档12个月，并可有分类地导出与备份。数据分析提供系统各项指标的周期性规律，帮助用户提前判断未来系统使用趋势。

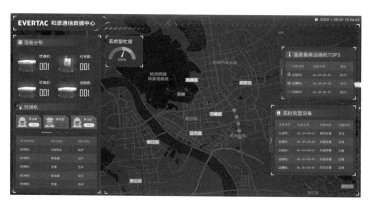

图 3-7　系统云平台监控管理平面图

（3）维护便捷。系统采用在线远程方式处理大多数告警故障，在网络出现重大故障前预先判断风险并化解，减少系统停机风险，节省时间和成本，享受更好的技术服务。

3）监控的设备及其主要内容

（1）基站/信道机运行状态监测，实现对于设备故障的实时告警；

（2）实现光纤射频直放站设备的运行状态监控，实现对于故障的实时告警；

（3）实现系统占用情况以及对讲终端在线情况的动态数据，并分析以及提示系统运行健康度；

（4）实现设备故障智能分析，根据故障判断系统通信影响。包括通信范围、通信影响严重程度等。

3.6　有线电视网络和卫星电视接收系统

3.6.1　系统概述

按建筑功能分为办公部分和酒店部分，在现在的智能建筑中，有线电视及卫星电视接收系统是必需的，特别是酒店部分，能为入住的宾客提供丰富多彩的电视节目是很重要的。有线电视及卫星电视系统是利用当地有线电视和卫星天线接收电视节目相结合，利用同轴电缆分配网络将电视图像信号高质量地传送到楼层各用户终端。

本系统将卫星节目与当地有线电视节目相结合，设计采用860MHz传输系统，为大厦内用户终端提供高质量电视信号和优秀丰富多彩的电视节目，本系统设计成双向传输系统，并预留自办节目调频节目信道，以满足企业宣传、内部信息发布、内部培训的需要。

3.6.2　需求分析

按建筑功能分为办公部分和酒店部分，对于酒店部分，要求客人能接收国内外娱乐、经济、综合新闻等频道，可根据当地国际客户组合选择国际频道（语言），至少提供50个频道。酒店需要添加酒管专用频道（企业幻灯片节目）。对于办公部分需要接收当地有线电视节目、卫星节目和自办节目。

3.6.3 系统设计

1. 系统整体架构

系统由接收天线子系统、前端设备子系统、传输分配网络子系统三部分组成。这三部分只有很好地结合在一起，才能传输高质量的电视信号，任何一部分的不匹配，都将影响整个系统的工作状态。

系统的工作原理如下：

系统将卫星天线所接收的C波段3.7～4.2GHz的卫星电视节目信号，经变频器LNB转换成950～1750MHz的中频信号，由功分器把中频信号等分后送入接收器中，调制成基带信号，经电视信号调制器调制至相应的电视频道。技术人员能根据要求，在机房选定播出卫星电视节目，将自办台节目、有线电视台节目经多路混合器、放大器混合送入传输网络，经分支、分配器和传输线路，将优质的节目信号送至每个用户终端。

系统前端采用双向邻频传输方式。系统传输部分按传输860MHz信号容量进行设备配置。在今后很长时间内，在前端只需增加设备，增加电视节目，而系统的传输部分不必改动。

系统原理图如图3-8所示。

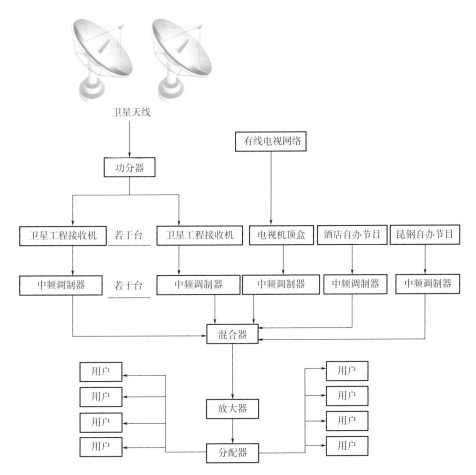

图3-8 系统原理图

系统设计传输带宽为5～860MHz，上行频率为5～45MHz；下行频率为47～860MHz。电视广播信号传输频段为47～550MHz；数据信号传输频段为550～750MHz；卫星电视节目安排在450～550MHz频段，节目分频复用，共缆传输。系统采用 SYWV-75-9电缆作为信号传输主干线电缆，采用SYWV-75-7

电缆作为信号传输支线电缆，采用SYWV-75-5电缆作为信号传输用户端电缆，以降低信号衰减。

2. 接收天线子系统

该子系统的主要任务是向前端提供系统欲传输的各种信号。对于卫星电视来说，通过各种口径的抛物天线，再经过高频头（LNB）向前端提供频率在970～1470MHz的卫星电视信号。有线电视台的信号的接收应根据当地有线电视网的情况来确定。若采用无线方式来传输，则需采用专用的有线电视接收天线，配合专用的解码器来接收；若是采用光缆（或电缆）传送，则需选用相应设备进行接收。本次设计采用的天线口径为2.4m，分别接收亚洲四号和中星6B卫星上的节目。

系统的前端部分的主要任务是对送入前端的各种信号进行技术处理，将它们变成符合系统传输要求的高频电视信号，最后将各种电视信号混合成一路，传送至系统的干线传输部分。

3. 系统前端

前端部分是系统使用设备最多的一个部分，因此其产品质量的优劣，直接关系到信号传输的质量，这就要求产品性能稳定可靠，且具有较大的灵活性。根据用户的要求可组合成为各种类型及档次的前端。邻频系统输出的频道节目最多达59个节目以上，即使将来要升级或增加节目也无须改动原主体结构。积木式组合设计按最优化的组合达到低成本、高性能、高可靠、灵活多变的目的。

4. 传输分配网络系统

传输分配网络系统是将系统前端部分所提供的高频电视信号通过传输媒体不失真地传送到系统所属的分配网络输入端口，且其信号电平需满足系统分配网络的要求，使用户终端的电视机处于最佳的工作状态。目前，大量的CATV系统均采用同轴电缆作为系统干线传输部分的媒体，由于高频电视信号在同轴电缆中传输时会产生衰减，其衰减量除了决定于同轴电缆的结构和材料外，还与信号本身的频率有关，频率越高的信号在同样条件下，衰减量也越大。这样，当信号被传输一段距离后，信号电平将会有所下降，距离越远，下降值越大，而且使不同频率信号的电平产生差值，传输距离越远，差值就越大。这就给系统分配网络的正常工作带来困难。除此之外，信号的衰减量还和温度有关，当温度升高时其衰减量约增加0.2%dB/℃。

为了克服信号在电缆中传输产生的衰减和不同频率信号的衰减差异，除了选用衰减量小的同轴电缆外，还采用了带有自动增益控制和自动斜率控制功能的干线放大器和均衡器等设备和部件。

由于系统分配网络要使用大量各种规格的分配器、分支器、分支串线单元以及用户终端等无源部件，在分配过程中，信号的电平会下降。因此，还需采用各种规格的型号放大器，对信号电平两次进行放大，以满足继续分配的需要。

5. 系统设计方案

1）系统介绍

有线电视及卫星电视接收系统一般是由天线、前端、干线传输和用户分配网络几个部分构成。天线系统的主要功能是接收无线电波，并将接收到的高频电视信号馈送给前端系统。天线系统处于整个有线电视系统的最前端，它对最终用户接收到的图像质量有非常重要的影响。前端设备位于天线和干线传输网络之间，它的主要功能是将来自天线的高频电视信号和电视台自己开办节目的电视信号进行必要的处理，比如滤波、调制、频率转换等，然后对所有这些高频电视信号进行混合并将混合后的信号发送到用户分配网络。由此可以看出用户分配网络的主要功能是接收干线上的高频电视信号将将其分配到千家万户。用户分配网络通常是由延长分配放大器、分支器、分配器、串接单元分支线、分支线、用户线和用户终端盒构成的。

2）分配网络

分配网络是通过分配器、分支器和电缆给系统的每一个用户终端提供一个适当的信号电平（有时还要通过放大器）。分配网络的工程设计任务是根据系统用户终端的具体分布情况来确定分配网络的组成形式，进而确定所有部件的规格和数量。

本系统用户分配网络采用分配-分支方式，这是分配网络中使用最广泛的一种。来自前端的信号先经过分配器，将信号分配给分支电缆，再通过不同分支损耗值的分支器向用户端提供符合要求的信号（65～80dB）。这种网络形式特别适合在楼房内使用。传输主干线缆采用SYWV-75-9屏蔽同轴电缆，水平分支分配线缆采用SYWV-75-7屏蔽同轴电缆，用户线采用SYWV-75-5屏蔽同轴电缆。

3.6.4　主要技术指标

1. 频率范围

频率范围是指系统能传输信号的频率范围，它取决于在系统中所传输的频道数量，而频道中最低频道的信号频率和最高频道的信号频率决定了该系统的频率范围。

2. 用户电平

用户电平就是指每个用户终端上的输出电压。为了便于计算和测量，人们习惯选取一个参考电压U，然后取实际电压V和参考电压U之比的常用对数，并称之为电平，记为W（dB）。

$$W（\mathrm{dB}）=20\lg U/V（\mathrm{dB}）$$

国标中规定的用户电平在VHF系统中是57～83dB；在UHF系统中是60～83dB，UHF段的下限电平要比VHF段的高3dB。

用户电平低于57dB之后，屏幕上看到的图像不干净，有时有雪花，严重时没有色彩，甚至不能同步。用户电平太高了也不行，当用户电平高于83dB以后，电视机内部的非线性失真就变得较大，往往会产生交调和互调，影响图像质量。

3. 载噪比

载噪比是系统的一个重要参数，反映了系统内部产生的噪声对图像质量的影响。系统内的噪声是由系统中各个放大器产生的，讨论系统的载噪比就要计算每一个放大器产生的影响，放大器的噪声主要是由前级晶体管产生的。系统技术规范要求，任一个系统的载噪比$C/N \geqslant 43$dB（带宽为5.75MHz）。系统的载噪比主要取决于系统内所使用的各类放大器的性能，单个放大器的载噪比除了与放大器本身的噪声系数有关除外，还和输入该放大器的信号电平有关，故在系统设计时，尽可能选择噪声系数低的放大器，同时尽量提高放大器输入放大器信号的电平。

4. 交扰调制比

系统的交调是影响图像质量的主要因素，它是由放大器的非线性引起的，无源器件是不会产生交调的。交调与放大器的非线性有关，也与放大器的输出电平有关。放大器的非线性是指放大器的输出信号与输入信号之间的非线性关系。由于存在非线性，放大器就会产生失真，失真严重时就会影响质量。

本系统可以接收本地有线电视节目、卫星电视节目和自办节目。本地有线电视节目已根据实际需要增加相应的数字机顶盒、调制器和混合器等设备后，系统可以添加更多的本地有线电视节目。卫星电视节目可以按实际需求进行扩容。

由于用户的位置和数量比较稳定，且要求电缆线路安全隐蔽，选择直埋敷设。有可供利用和管道时，选择管道敷设方法，但不得与广播线，电力线路共管孔敷设。前端输出干线、支线和入户线当沿线有建筑物可利用时，可采用电缆沿墙敷设方法。室内线路均采用穿金属管暗敷设。应做好防雷接地，线竖杆应用两根接地线在不同方向与建筑物防雷接地网作焊接连接。卫星电视接收室的工作接地、保护接地、防雷接地应合用一个接地系统。卫星接收室的环境温度与湿度要适宜。

3.7 广播系统

超高层建筑的广播系统，可满足正常业务广播、呼叫广播功能兼紧急广播要求。

本系统采用数字广播系统，采用标准TCP/IP网络连接，广播系统具有自动或手动启动广播功能，系统可联动启动自动语音广播，同时可用话筒进行远程连接网络进行选区讲话。

3.7.1 概述

本系统选用数字化网络广播系统，采用最广泛使用的TCP/IP网络技术，将音频信号及控制信号以IP包的协议形式在局域网上进行传送，不受距离限制，所有设备均带有RJ45网络接口，可方便接入广播系统；广播系统可检测各设备有无接入系统、运行状态等功能；网络广播系统具有标准平台、灵活架构特点，控制室系统控制信号及音频信号采用专用数字网络信号，基于TCP/IP协议，适合与计算机局域网共网；具有灵活的分散控制功能：系统的设计思想是分散控制各系统和终端。音频输入和输出信号的处理都置于各设备本身，使网络控制集中于广播路由管理和控制由输入引发的动作等方面的功能。通过分控室控制相应区域的广播，减小信号损耗与布线复杂的问题；能满足未来的扩展的要求，网络广播系统能方便满足系统的需要，只需增加终端与功放设备就能与原系统联接；系统能支持以太网，使系统具有更高的适应性、更广的使用条件；系统采用全数字技术，使用专用数字音频网络技术，音质清晰流畅，不受外界电磁波的干扰，占用带宽极小，系统路由采用软矩阵技术，系统双向内通具有回声抵消功能，全双工通话、分区和全区广播均能轻松实现并带加密处理，防止窃听；系统能满足高效内通，系统终端及网络麦克风支持双向通信，无需增加其他设备，便可通过广播设备进行内部双向通信，提高系统工作人员沟通效率。

（1）广播系统可增加副控，可远程对广播系统进行设置、操作。

（2）公共广播系统由广播主机、音源、网络终端、功率放大部分、扬声器等部分组成。

（3）任意的网络终端可划分为不同的分区，亦可作为单独的一个分区；网络终端可以驱动IP扬声器进行广播，可在本地输入音源。

3.7.2 功能要求

系统音源支持255个优先级：

能对话筒、播放器音源及报警音源进行自定义优先级设置。

网络终端具有点播、现场监听功能。

网络终端具有冗余双网口。

系统服务器支持不少于8个播放器，在对区广播时，可任意添加终端和随时选歌曲播放，系统可使用多个客户端软件拓展播放器，最大容量可扩展至128个播放器。

客户端软件安装在用户电脑内，可通过客户端软件同时播放多路音频，要能支持8路音源播放器，可将每个播放器播放的歌曲指定至任意的区域终端，同时播放曲目时，可随时添加删除播放目标分区或终端。通过客户端软件可为各终端配置分区、定时播放的事件。

由于项目广播的环境要求，为避免模拟广播的音质与干扰，要求选用数字音频广播系统。

终端设备为具有高音质要求，要具有双声道数码立体声传输。

要求系统能传送多套音源节目，以保证能同时播放多个音源和传输到指定区域，互不影响。要求具有智能终端的调整，无需重新布线。

系统要求具有智能分组功能，能依据要求进行分区分组，而不是传统的分区布线。

系统具有定时定点播放多路音源功能，例如通知或其他音乐等都可以按要求定时定点地播放8路不同音源出来；同时要求在同一时段能对不同的区域进行单独广播，以适应项目不同的广播要求。

系统软件具有多路操作权限，如分区、播放器、功能设置等权限，不同操作员可设置不同的密码，避免非操作员操作本系统。

广播系统音源可使用MP3、CD、收音机等，可任选音源播放，并可播送至任何一个分区；系统可同时播放不同节目至不同的分区或终端，终端亦可输入本地音源。

广播麦克风应具分区广播功能，广播时应先发送前置音提醒人员注意，能远程控制分区开关广播，有网络接口即可接入广播系统，并可实现对讲功能；可单独对分区或终端进行广播；可设置一些话筒的优先级高于紧急报警，一些话筒优先级别低于紧急报警，远程话筒显示屏上能显示分区名称，以方便选区广播。

系统音源要求具有定时广播打铃功能，以适应需定时广播的要求，可在设定的时间播放，以适应特殊情况下的广播要求。

方便系统用户的使用，系统将终端、分区、通道、客户端、优先级、报警等功能在服务器软件上设置完成，服务器软件作为管理和功能设置软件部分，没有用户功能操作的界面，而将客户端作为用户操作的界面，使界面更形象、直观。

系统软件应能模拟遥控器，可以通过软件独立对每个终端进行点播、音量控制等，以便于调试及使用。

音乐和广播呼叫音量均可调节，以各自调适音乐播送和广播呼叫时之输出音量。

广播麦克风应具分区广播功能，广播时应先发送前置音提醒人员注意，能远程控制分区开关广播，并可实现对讲功能；可单独对分区或终端进行广播；可设置多级优先权限，呼叫话筒具有液晶显示屏，数字按键，显示屏能显示分区名称，能通过按键选择区域进行呼叫广播。

选用的主控设备均具有RJ45网络接口，便于未来扩展通过网络即可接入广播系统。

3.7.3　广播系统主要设备参数要求

1. 网络音频控制主机

网络音频控制主机作为主控制设备，用户不但可以通过此设备对各个分控制室和广播点的终端进行全面的公共广播操作，包括定时、寻呼、检测、消防联动分区以及背景音乐播放。同时，主机也可以作为整个系统的服务器，存储广播文件以及定时节目，并可通过各个终端在本地读取和播放主机存储的音源。

2. 系统软件

系统软件包括网络服务器软件、控制站客户端软件、IP搜索检测工具和音源文件制作工具。

（1）方便系统用户的使用，系统将终端、分区、通道、客户端、优先级、报警等功能在服务器软件上设置完成，服务器软件作为管理和功能设置软件部分，不作为用户操作的界面，而将客户端作为用户操作的界面，使界面更形象、直观。

（2）播放背景音乐、定时播放、自由点播、实时采播、播报通知和转播电台节目等。

（3）系统基于以太网络，用户可以充分有效地利用网络资源，在任何有以太网接口的地方快速接入网络音频终端设备，实现真正的公共广播和计算机网络的多网合一。

（4）遥控自由点播，用户使用网络音频终端设备配套的遥控器可远程点播网络音频控制主机内的音频存储文件。

（5）实时采播，用户可通过控制站客户端软件把外部音频信号（如：笔记本音频信号、收音机、DVD等）转换成 标准的128kbps MP3进行播放。

（6）定时广播，用户可通过控制站客户端软件进行多模式的定时音频播放设置。

（7）多路分区播音，用户可任意设定多个组播任务，或对指定的区域进行广播；网络服务器软件可远程控制每台网络音频终端设备的播放内容（设定播放分区）和音量等。

（8）网络广播用户可通过广播内部网络上任意一台计算机的话筒进行实时语音广播，并可指定全体广播或局部广播。同时，用户也可使用外网远程（比如因特网）对广播内网进行远程广播。

（9）本地音频扩音，网络终端提供音频输入功能。

（10）可转换MP3格式和录制音频文件。

（11）系统支持255优先级：能对话筒、播放器音源及报警音源进行自定义优先级设置，满足多个话筒的讲话与不同音源之间的优先级切换。

（12）系统服务器支持不少于8个播放器，在对区广播时，可任意添加终端和随时选歌曲播放，系统可使用多个客户端软件拓展播放器，最大容量可扩展至128个播放器。

（13）系统具有虚拟遥控器，可以通过软件独立对每个终端进行点播、音量控制等。

3. 网络报警矩阵

（1）32路报警短路输入接口，8路短路输出接口。

（2）系统中可使用任意多个网络报警矩阵。

（3）自动发送报警信息到服务器，服务器执行相应报警播放任务（支持邻层/全区报警）。

（4）有以太网口地方即可接入，支持跨网段和路由。

4. 电源时序器

（1）按顺序开启/关闭16路受控设备的电源。

（2）可以通过系统定时器设计电源开启/关闭时间，做到无人值守。

（3）插座总容量达4.5kVA。

（4）关机后后排输出座可完全断电。

（5）定时器控制信号 短路信号，低电平激活。

（6）动作时间间隔 0.4～0.5s。

（7）可控制电源输出十六路（CH11～CH16）。

（8）功能控制：定时器控制信号输入口一个，电源开关一个。

5. 网络终端功率放大器

网络终端采用音频信号以数据包形式在局域网和广域网上进行传送，是一套纯数字传输的双向音频扩声系统。音频终端兼容了功率放大器，可以直接与广播的扬声器连接工作，主要实现点播服务器音频文件功能，单个播放点可播放独立的音源，不需要外加音源设备。采用独有双网口技术，节省交换机数量，与正常上网互不影响。通过DSP丽音技术处理，声音还原出色。

（1）可接入到所有以太网区域，支持跨网段功能。

（2）网络终端具有冗余双网口。

（3）内置高效率数字功放，定压100V输出，效率高达90%以上。

（4）带前置信号输入功能（1路话筒输入、2路辅助线路输入、1路网络音频），各音频通道均有独立的音量调节。同时线路输入支持平衡输入，有效减少系统连接时的接入噪声，提高系统的信噪比。

（5）内置大容量存储器，支持远程更新定时任务和报警触发任务。

（6）支持离线广播。当网络中断时、可自动开启本地播放。

（7）具有1路报警输入、1路报警输出，联动周边设备。

（8）国际通用的宽电压供电设计，电源电压适应能力强。

（9）内置完备的保护电路，支持过载、过热保护等多种保护功能，支持电源及线路防雷击及浪涌保护。

（10）标准RJ45接口，有以太网口地方即可接入，支持跨网段和跨路由。

6. 监听音箱

（1）一体化设计，整合网络音频解码，数字功放及音箱。

（2）采用高速工业级双核（ARM+DSP）芯片，启动时间≤1s。

（3）采用高保真扬声器和立体声D类功率放大器。

（4）内置回路检测功能，可远程监听扬声器工作状态，轻松维护。

（5）服务软件远程调节输出音量，并可在本地用旋钮调节线路输入音量。

（6）标准RJ45网络接口，有以太网口地方即可接入，支持自动获取IP地址。

7. 网络麦克风

网络麦克风采用数字网络音频技术，配备了外部线路输入端口、一路立体声线路输出端口等端口。网络麦克风不但可用作广播寻呼讲话，而且还可与其他终端实现双向对讲功能。独创速度跟踪技术，保证语音信息实时播报，误差小于20ms。

（1）具有液晶屏及控制键。

（2）网络麦克风能显示分区名称。

（3）采用高速工业级双核（ARM+DSP）芯片，启动时间≤1s。

（4）音频线路输出，接驳外部功放实现声音播放。

（5）有以太网口地方即可接入，支持自动获取IP地址。

（6）支持的网络通信协议：TCP/IP、UDP、ARP、ICMP、IGMP协议。

（7）音频采样：22.050～44.1kHz，16bit。

（8）接口：电源输入口，话筒输入口，1路音频输入口，1路音频输出口，1路网络口。

8. 有源壁挂音箱

（1）一体化设计，整合网络音频解码，数字功放及音箱。

（2）采用高速工业级双核（ARM+DSP）芯片，启动时间≤1s。

（3）采用高保真扬声器和立体声D类功率放大器。

（4）内置回路检测功能，可远程监听扬声器工作状态，轻松维护。

（5）服务软件远程调节输出音量，并可在本地用旋钮调节线路输入音量。

（6）标准RJ45网络接口，有以太网口地方即可接入，支持自动获取IP地址。

（7）信噪比，频响≥90dB，190～18kHz。

（8）网络声音延迟广播延迟Broadcast delay≤100ms。

（9）输出功率2×10W。

9. 音源

1）定时MP3播放器

（1）具有手动、编辑定时播放、外接定时激活播放、报警、电源定时、分区定时；可多样化选择（列表循环、列表顺序、全盘循环、全盘顺序、全盘随机）。

（2）支持U盘播放，支持音频压缩格式：MP3、WMA，可以接收FM调频广播和AM广播。

（3）具有四套定时节目选择，每套节目最大可定时200条任务；定时任务通过PC工具软件来编辑及操作；一路线路输入、一路麦克风输入，可以选择混音、紧急广播输出模式、一路电源输出，可以手动或自动控制，电源1只有歌曲播放就可自动打开。

（4）录音功能，可录制线路输入、麦克风输入音源，可录音存储空间根据U盘存储空间大小决定。

（5）内置监听扬声器，并有单独的监听音量控制。

（6）具有1个远程寻呼麦克风接口；通过远程寻呼麦克风可控制该设置分区、电源、预设11个定时任务播放和1个停止控制及讲话（远程寻呼麦克风需另配）。

（7）RS232接口与无线遥控器连接，可控制预设11个定时任务的播放或停止（无线遥控器需另配）。

（8）1路报警激活输入和1路定时激活输入，1路报警激活输出。

（9）关于优先级的顺序，紧急讲话、报警激活（或定时激活，可根据设置项来选择优先）>定时播放>手动播放（包括MP3、FM、AM、LINEOUT等）。

2）编程控制调谐器

参数要求：

（1）调频、调幅（AM/FM）立体声二波段接收可选，电台频率记忆存储可达99个。

（2）电台频率自动搜索存储功能，且有断电记忆功能。

（3）采用石英锁相环路频率合成器式调谐回路技术，接收频率精确稳定。

（4）两组接收天线输入：AM接收天线输入；FM接收天线75Ω输入。

（5）1路音频信号左右声道（L/R）输出。

（6）可通过面板按键或红外遥控器控制操作。

（7）高亮度动态VFD荧光显示，清晰醒目，微电脑控制，轻触式按键操作。

3）编程控制CD机

参数要求：

（1）吸入式机芯，防尘效果更好，使用寿命更长。

（2）高亮度动态VFD荧光显示，清晰醒目。

（3）采用进口数码机芯，系统+ESS解码方案，超强纠错功能。

（4）自动播放控制，全数码伺服。

（5）可播放：CD/VCD/MP3/DVD碟片。

（6）1路音频信号左右声道（L/R）输出。

（7）内置宽频高保真监听扬声器，音质丰满、清晰；并设有监听音量调节旋钮，音量可调。

（8）内置MP3播放器，可读USB和SD卡。

（9）微电脑控制，轻触式按键操作。

4）音控开关30W

（1）类型：五级音量控制。

（2）额定功率：30W。

（3）强插信号：24VDC 15mA。

（4）衰减：Step 1：关。

（5）频响：20～20kHz。

5）吸顶天花扬声器

（1）最大功率：9W。

（2）额定功率：6W。

（3）功率抽头（100V）：6/3/1.5W。

（4）灵敏度：90dB。

（5）频率范围（-10dB）：100Hz～15kHz。

（6）额定输入电压：100V/70V。

（7）额定阻抗：6.7kΩ/3.3kΩ/1.7kΩ。

6）壁挂音箱

（1）最大功率：9W。

（2）额定功率：6W。

（3）功率抽头（100V）：6/3W。

（4）灵敏度：88dB。

（5）频率范围（-10dB）：110Hz～13kHz。

（6）额定输入电压：100/70V。

（7）额定阻抗：3.3kΩ/1.7kΩ。

7）室外全天候音柱

（1）最大功率：60W。

（2）额定功率：40W。

（3）功率抽头（100V）：40W/20W。

（4）灵敏度：94dB±2dB。

（5）频率范围：130Hz～16kHz。

（6）垂直开放角度：（1kHz/-6dB）90°。

（7）水平开放角度：（1kHz/-6dB）150°。

（8）额定输入电压：100V。

（9）额定阻抗：250Ω/500Ω。

8）双向号角

（1）最大功率：24W。

（2）额定功率：12W。

（3）功率抽头（100V）：12W/6W/3W。

（4）灵敏度：91dB。

（5）频率范围（-10dB）：130Hz～15kHz。

（6）开放角度（1kHz/-6dB）：150°。

（7）额定输入电压：100V。

（8）额定阻抗：833Ω/1.7kΩ/3.3kΩ。

3.8 案例分析

综合配套区项目概况如表3-18所示。

综合配套区项目概况

表 3-18

序号	项目	单位	数值	备注
1	用地总面积	m²	100040	
2	总建筑面积	m²	839723	
		地上部分		
其中	117 办公楼建筑面积	m²	284024	
	117 酒店建筑面积	m²	85975	
	总部办公楼 E 建筑面积	m²	72000	
	商业建筑面积	m²	55146	包括餐饮面积 7793m²
	市政设施建筑面积	m²	6	为调压占面积
	总数	m²	497151	
		地下部分		
其中	商业建筑面积	m²	30608	
	餐饮建筑面积	m²	16851	
	超市建筑面积	m²	1031	
	KTV 建筑面积	m²	2206	
	溜冰场建筑面积	m²	3617	
	电影院建筑面积	m²	3072	
	物管用房，保险室，机动车库，非机动车库及机电设备用房建筑面积	m²	285187	
	总数	m²	342572	其中 79850m² 为人防面积
3	容积率		4.97	总容积率 =3.4
4	占地面积	m²	42051	
5	建筑密度	%	42.03%	总建筑密度 =35.77%
6	建筑高度			
其中	117 办公楼	m	596.55	塔顶高度
	总部办公楼 E	m	182.00	女儿墙高度
	商业廊	m	22.7	女儿墙高度
	精品商业	m	14.60	女儿墙高度

序号	项目	单位	数值	备注
7	绿地面积	m²	23603	
8	绿化率	%	23.59%	总绿化率=30.38%
9	机动车停车数			
	地上部分			
	旅游巴士	辆	4	
	小型车	辆	40	
	地下部分			
	小型车	辆	4419	
	非机动车	辆	13973	
	装卸车位	辆	43	
	出租车位	辆	33	
	中央商业区的总地下商业面积为69800m²。第一期占57385m²，第二和第三期占12415m²。			

本项目分设3个消防安保中心，办公、酒店及商业3个业态分开设置。无线对讲系统为分布式系统，有对讲机300台、室内全向天线3827套。有线电视网络和卫星电视接收系统，系统型式：分配分支，节目源：办公、商业为东方有线，酒店为东方有线+卫星电视，共计电视终端：523套。广播系统系统型式：数字系统，系统功能：办公为业务广播、紧急广播，商业、酒店为背景音乐、业务广播、紧急广播，共计扬声器：2800套。

第4章　信息化应用系统

超高层建筑中信息化应用系统应满足建筑物运营和管理的信息化需要，提供业务信息化应用的系统支持和保障。

信息化应用系统通常包括信息导引及发布系统、客房管理系统、智能家居系统、会议系统等系统。

4.1　信息引导及发布系统

4.1.1　系统概述

现代社会中，多媒体信息无处不在，信息发布系统是一种多媒体的，多媒体信息包括文字、声音、图形、图像、动画、视频等等。"多媒体"是指能够同时获取、处理、编辑、存储和展示两个以上不同类型信息媒体的技术，也称多媒体信息发布系统。多媒体技术往往与计算机联系起来，这是由于计算机的数字化及交互处理能力，极大地推动了多媒体技术的发展。通常可以把多媒体看成是先进的计算机技术与视频、音频和通信等技术融为一体而形成的新技术或新产品。因此我们认为多媒体是计算机综合处理文本、图形、图像、音频、视频等多媒体信息，使多种信息建立逻辑连接，集成为一个系统并具有交互性。它是一种迅速发展的综合性电子信息技术，给人们的工作、生活和娱乐带来了深刻的革命。

4.1.2　系统组成

系统由服务器、网络、播放器、显示设备组成，将服务器的信息通过网络（局域网/专用网、无线网络）发送给播放器，再由播放器组合音视频、图片、文字等信息（包括播放位置和播放内容等），输送给液晶电视机等显示设备可以接受的音视频输入形成音视频文件的播放，这样就形成了一套可通过网络将所有服务器信息发送到终端的链路，实现一个服务器可以控制大楼内的网络显示终端，那就可以在任何一个有网络覆盖的位置都可以实现信息的发布，而且使得信息发布达到安全、准确、快捷，在竞争激烈的现实社会要求通过网络管理、发布信息这一趋势已经基本形成。信息发布系统架构如图4-1所示。

信息发布系统主要包括三个部分：中心控制系统、终端显示系统和网络平台。

（1）中心管理系统软件安装于管理与控制服务器上，具有资源管理、播放设置、终端管理及用户管理等主要功能模块，可对播放内容进行编辑、审核、发布、监控等，对所有播放机进行统一管理和控制。

（2）终端显示系统包括媒体播放机、视音频传输器、视音频中继器、显示终端，主要通过媒体播放机接收传送过来的多媒体信息（视频、图片、文字等），通过VGA将画面内容展示在LCD、PDP等显示终端上，可提供广电质量的播出效果以及安全稳定的播出终端。

（3）网络平台是中心控制系统和终端显示系统的信息传递桥梁，也可以利用工程中已有的网络系统，无需另外搭建专用网络。

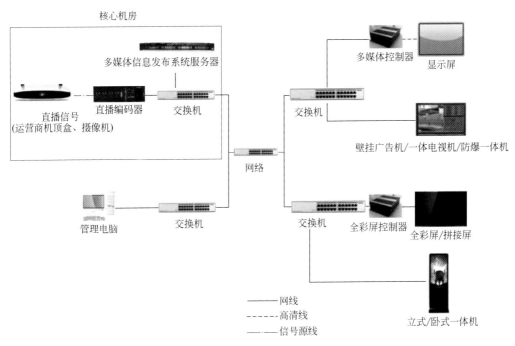

图4-1　信息发布系统架构

4.1.3　系统功能

信息发布系统要求支持不同的显示终端播放不同的信息内容，播放任务时间表容许预先设定播放信息，能够自订播放周期单位（5min，10min等），可以控制节目信息显示切换时间，并具备以下功能：

（1）支持单个6G以上的视频文件传输和播放。

（2）播放控制器自带存储空间，支持在网络断开的情况，显示终端能按照既定的时间和任务列表正常进行节目播放。

（3）支持自由分屏和固定分屏功能，屏幕可划分多个区域，区域大小比例任意划分，区域显示内容支持PPTX、Flash、网页、视频、图片、文字、日期、时间等素材，支持直接在Web页面上以拖、拉的方式制作分屏模板素材。

（4）主控端支持多线程终端状态同步刷新，通过对显示终端IP地址的刷新，快速反馈终端网络和软件运行状态，每个终端刷新响应时间不得超过2s。

（5）支持紧急/临时信息插播：当播放终端在播放时，可以从随时插入特别信息，插播的信息可以是滚动字幕、视频、图片、PPTX、MMS流等素材；插播中断具有手动中断和定时中断两种模式，插播中断后继续按之前设定的播放任务进行播放显示。

（6）主控端软件支持对LED异步屏和全彩屏的控制功能，可直接进行节目内容发送。

（7）主控端软件支持定时发送节目，以避免网络拥塞。

（8）主控端支持自动监控终端设备状态，监控到终端设备异常，将通过邮件方式通知管理者。

（9）支持权限管理，系统分为多级管理，超级管理员是具有最高权限的操作者。

（10）支持审批和非审批两种管理模式；审批模式下，所有素材上传后，必须经过审批人审批通过，素材才能用来创建节目。

（11）支持图片、视频、网页、PPT/PPTX、Flash、流媒体等节目素材的预览功能。

（12）支持通过地图管理功能来显示终端分布位置图，且可显示终端的状态信息（如正常、程序未启、网络故障）。

主控软件功能要求，工作站通过Web方式登录系统管理平台，实现多用户不同位置操作和权限分配管理功能，能够对显示终端进行管理，对不同区域的显示终端进行分组，可实现显示终端的电源管理，时间同步等功能，主要包含任务管理、任务设定、节目管理、素材管理与审批模块、字幕管理、分屏管理、发送管理、终端管理、地图管理、LED 管理、电源管理、系统维护等模块。

4.2 客房控制系统

4.2.1 系统概述

为尽可能满足各酒店管理公司对酒店客房的控制标准的要求（灯光、电器、空调、节能等等），现制定高档酒店的客房控制系统（RCU）实施标准，为客房的设计、成本控制提供管理规范，主要内容如下：

客房控制系统（以下简称本系统）为酒店客房服务。酒店客房管理系统是将客房内的空调设备、灯光照明设备、插座设备、窗帘等客房设备使用情况的各种数据进行实时数据采集并对数据进行记录、分析、筛选为酒店管理提供准确的科学依据。

系统能通过高阶接口交接，以结合下列系统提供综合管理功能：

（1）酒店客房照明控制系统；

（2）酒店客房空调控制系统；

（3）其他控制系统（扩展）；

（4）与酒店网络管理系统（PMS）的联网接口。

本系统须提供一切必需的硬件及软件设备，以便本系统能与上述系统完全畅通地以高阶接口互相传送所有与相关设备及材料之监控信号及联网。所有客房须经联网组成一独立系统至酒店服务器端，且可在局域网内任意终端上显示上位机界面。

系统须具有配套管理软件，可对接任意提供完整协议，或提供标准协议以完成对接。

4.2.2 客房控制系统的设计要点

（1）系统对客房内灯光、受控插座、空调、窗帘、房态、地暖、雾化玻璃、背景音乐、镜面电视等进行智能控制。同时具备智能语音设备、智能蓝牙门锁、IPTV、PABX等第三方协议设备进行智能控制。为客人提供舒适的居住及使用环境并通过智能化控制节约能耗。

（2）剃须刀插座，写字台上国际电源插座，清扫插座，热水壶插座，小冰箱，床边闹钟，电视机后背预留的IPTV系统电源插座及床头柜上国际插座都直接电源供给，不受本系统控制。

（3）系统由采用标准TCP/IP通信协议的以太网来构建，由客房智能控制器（带以太网口）、楼层网络通信设备、系统服务器（内装系统软件）和各部门终端等组成。

（4）根据设计需求提供必要的彩屏温控器，可带接近感应的功能，且为了方便客人使用和智能化控制，温控器冷热模式自适应、温度传感器（可自由选择安装于温控器内或空调回风口）、门磁（包括阳台门磁）、门铃、红外探测器等等。

（5）为门铃、开关面板指示提供电源。

（6）系统采用总线方式或以太网的形式进行布线连接。

4.2.3 客房控制系统的功能组成

酒店&定制化酒店功能设计有如下推荐：

（1）灯光系统控制。

（2）空调系统控制。

（3）地暖系统控制。

（4）窗帘系统控制。

（5）背景音乐控制。

（6）雾化玻璃控制。

（7）客房人员存在监测。

（8）电话来电静音控制。

（9）镜面电视控制。

（10）电子猫眼。

（11）小程序控制。

（12）智能语音控制。

（13）人性化的终端控制体验。

（14）智能门锁：人脸识别、蓝牙开锁、身份识别。

4.2.4 客房照明灯光控制

客房照明控制功能主要要求实现下面两种功能：正常的开关控制、场景控制（分为欢迎模式和夜间场景），要求通过控制系统与现场面板的配合，通过现场分散布置的开关面板的编程，实现不同的控制效果。

客房内的灯光控制回路要求如下：回路功率能力应当满足现有系统要求，且应有20%的功率富余，此富余量供后期设备的增加使用。每一套灯光控制系统要求必须留有不少于2个灯光开关控制回路作为备用。每个回路继电器应为照明专用继电器，容量至少7A。继电器/接触器等部件可靠使用时间不低于80000h，确保用电安全。

采用分散墙面板开关方式，通过编程实现对如下区域的控制：

（1）廊灯、客厅灯、镜前灯、卫浴间灯、排风扇、卧式灯等进行逻辑控制。

（2）客房内顶灯、房灯、落地灯、床头灯、阅读灯等实现逻辑控制和场景控制。

（3）落地灯、台灯能实现面板开关与本地开关的双控控制。

RCU系统应具备对接第三方语音设备的功能并预留对接接口。

客房内灯光照明的控制方式包含：开关控制，可控硅调光控制，0～10V调光控制，控制方式应该与照明设计顾问沟通确认。

1. 可控硅调光

（1）调光控制方式为晶闸管，同时调光时间长短也可作任意设定。能够满足LED灯、白炽灯、可调光型低压卤素灯、220V卤素灯等各种灯光的要求，调光回路应能够满足工程要求且至少含有2个备用回路。

（2）调光模块应为DIN轨道式安装。

（3）调光组件应具有自身散热的功能，具有良好的温度适应性能，无需强迫风冷。调光组件自身具有过温、过流保护。

2. 0~10V调光

（1）调光控制方式为0~10V，同时调光时间长短也可作任意设定。能够满足可调荧光灯、LED灯电子镇流器等各种灯光的要求，调光回路应能够满足工程要求且至少含有2个备用回路。

（2）调光模块应为DIN轨道式安装。

（3）灯光的亮度调节必须为连续和线性变化，有多种电流等级。

（4）调光组件应具有自身散热的功能，具有良好的温度适应性能，无需强迫风冷。调光组件自身具有过温、过流保护。

3. 继电器开关模块

（1）用于控制回路灯光的开关、插座回路的开关。

（2）模块必须不外露继电器（继电器不可见），安装方式为DIN导轨式安装。

（3）抗电源噪声干扰装置：配备可以对付电网污染/噪声的装置，防止灯光输出的闪烁现象。有效地应付诸如高频噪声，脉冲噪声，低频非谐波，凹形波，低频噪声，电压均方根变化和电源基频变化等造成的输电线质量问题，保证照明输出稳定无闪烁现象。

4.2.5　客房空调系统控制

采用客房墙面温度控制器与客房控制系统自动控制的双重控制方式。当客房有客人入住时，墙面温度控制器优先，由客人自主调节、设定风机盘管的运行状态、温度、风速、启/停等。当无人入住客房时，要求客房控制系统能够自动转入由 RCU 系统自动控制状态，此状态为处于低速、低温（对于冬季来说为低温，对于夏季来说为高温）即节能状态。此状态的参数应能够通过有权限的管理人员自行管理修改。

1. 空调控制

（1）可控制中央空调盘管风机。

（2）空调控制输出：兼容二管制、四管制风机控制。（高、中、低，冷阀、热阀）

（3）标准RCU模块至少支持一组风机盘管及冷热水阀的控制，支持外接拓展模块，实现多风机盘管的控制，模块应为DIN轨道式安装。

（4）感温精度不低于：±1℃且具备手动校准功能。

2. 地暖控制

（1）可控制水、电暖或电地暖。

（2）通过协议对接方式进行控制。

（3）感温精度不低于：±1℃且具备手动校准功能。

3. 温控器

（1）通过独立的RS485支线与RCU系统通信。

（2）内置微电脑控制芯片，根据逻辑控制器的执行指令，实现冷暖气的进气量或开关电动阀。

（3）内置温控传感器。

（4）操作面板：彩屏液晶显示，能够显示风速、房间温度、实际设定温度、房间状态；为体现智能与能耗节约，面板上无需模式按键，模式根据设定温度及环境温度自动计算，能够设定房间温度，风机风速的状态。

（5）应具有温度偏差修正功能。

（6）具有摄氏度、华氏度切换功能。

4.2.6　客房开关功能控制

客房入户处设置总控开关，当客房门打开，门磁动作，电动窗帘打开、灯光进入欢迎模式，所有开关面板可操作；客人离房，通过红外动静探测器判断，系统在原有状态下延时一段时间后断电，此延时时间的长短应在0～65535s内可调。（或客房内设置节电钥匙插卡盒且需具备身份识别的功能选项）

当通过插卡取电方式送电，通过插卡取电开关判断身份进入客人使用模式或酒店人员使用模式，取卡后，系统在原有状态下延时一段时间后断电（进入无人模式，房间内切换至无人场景），此延时时间的长短应在0～60s内可调。

1. 窗帘控制

（1）在窗帘处布置窗帘电机，由RCU控制箱布置弱电信号线至电机处。

（2）窗帘电机需预留220V强电供电。

2. 房务开关控制功能

客房内设置请勿打扰、请稍候、立即清扫按钮、门铃，在门外设置门铃按钮、勿扰指示灯、清扫指示灯、请稍候（如有），清扫状态、勿扰状态与门铃必须具备逻辑互锁功能，当房间处于勿扰状态时门铃不响，上位机软件要求实时显示房间内当前的房务状态。

4.2.7　第三方控制系统

此功能根据使用方的需求增加，主要是为了提高酒店的档次以及客人住店感受，从而提升对酒店的认同感。

1. 背景音乐控制

与背景音乐系统对接，通过面板、触摸屏、Pad控制背景音乐，并可设置唤醒功能等。

2. 雾化玻璃控制

与卫生间的防雾玻璃的对接，通过继电器模块对接，通过面板、触摸屏、Pad控制。

3. 镜面电视/客房电视控制

（1）与卫生间的镜面电视的对接，通过继电器模块对接，Pad控制。

（2）电视控制：客人首次进房后，电视自动打开进入欢迎界面，客人可通过电视实现对客房进行控制、点餐、查看周边等功能。

4. 客房人员存在监测

（1）客人首次打开门后，开启廊灯或进入欢迎场景，并激活感应探测器，当探测到房内有人时，客房进入有人模式。

（2）过道探头：由于此区域离客房外走廊较近，建议采用红外探头。

（3）衣帽间探头：如衣帽间离公共走道较近，建议采用红外探头

（4）卧室探头：此区域较开阔，雷达、红外探头均适用。

（5）卫生间探头：卫生间温差变化较大，建议采用雷达探头。

5. 电话来电静音控制

（1）客房电话座机：当客人接听电话时，卧室电视静音，挂断后电视恢复。

（2）卫生间免提面板：当客人如厕不便接听客房电话时，可通过此免提面板来接听电话，同时镜面电视开启静音，当客人挂断电话后，电视恢复声音。

6. 电子猫眼

客人按下门铃后，可在电子猫眼显示屏、电视、iPad等屏幕上显示门外影像，建议安装于门正中间离地1.5m高度。

7. 小程序控制、智能语音控制、人性化的终端控制体验

（1）通过RCU系统软件与其他平台系统的对接实现。

（2）墙面触摸屏控制：电子猫眼、空调控制、房务控制、灯光控制、窗帘控制、天气预报、点餐服务等。

（3）每个房间配置一个iPad，客人可通过iPad控制客房内灯光、窗帘、空调、房务等，并且能够点餐、控制背景音乐、查看周边、酒店活动等。

（4）管家柜服务：客人可将脏衣放入柜中按下清洗键，服务人员在房外取出清洗后送回。

8. 智能门锁：人脸识别、蓝牙开锁、身份识别

通过协议对接方与第三方产品进行对接

4.2.8 客房控制箱

系统设备应保证设备能够长时间稳定、可靠运行，为酒店智能控制管理提供保障。

控制回路应与负载分离，控制回路的工作电压为安全电压为36V以下，即使开关面板意外漏电，也能确保人身安全。

RCU箱应安装于便于维修操作的地方，设备具有灵活性，可根据现场实际需求，随意组合各类型设备，成本节约最大化，且后期移交后，执行设备的替换无需下载程序，通过拨码即可识别入网，便于酒店工程部的维护与管理。

4.2.9 联网式远程管理功能

系统通过总线或TCP/IP网络联网，设置上位机，通过系统软件监视和控制每个控制终端的状态，并根据气候条件、使用要求远程设置系统参数等等。

4.3 智能家居系统

4.3.1 智能家居概述

"智能家居"（Smart Home），又称智能住宅。通俗地说，它是融合了自动化控制系统、计算机网络系统和网络通信技术于一体的网络化、智能化的家居控制系统。将家中的各种设备（如音视频设

备、照明系统、窗帘控制、空调控制、安防系统、数字影院系统、网络家电以及三表抄送等）通过家庭网络连接到一起。一方面，智能家居将让用户有更方便的手段来管理家庭设备，比如，通过家中触摸屏、无线遥控器、电话、互联网或者语音识别控制家用设备，更可以执行场景操作，使多个设备形成联动；另一方面，智能家居内的各种设备相互间可以通信，不需要用户指挥也能根据不同的状态互动运行，从而给用户带来最大程度的高效、便利、舒适与安全。

与普通家居相比，智能家居不仅具有传统的居住功能，提供舒适安全、高品位且宜人的家庭生活空间；还由原来的被动静止结构转变为具有能动智慧的工具，提供全方位的信息交互功能，帮助家庭与外部保持信息交流畅通，优化人们的生活方式，帮助人们有效安排时间，增强家居生活的安全性，甚至为各种能源费用节约资金。

智能家居是以住宅为平台，兼建筑、网络通信、信息家电、设备自动化，集系统、结构、服务、管理为一体的高效、舒适、安全、便利、环保的家居环境。它利用先进的中央集成控制，并配合计算机技术、网络通信技术、综合布线技术，将家居生活中各相关子系统有机地结合在一起。通过统筹的智能化管理，实现智能化家居生活。智能家居是兼备自动化，智能化于一体的高效、舒适、安全、便利的家居环境，其技术最早起源于美国，现已遍及全球。智能家居是帮助尽量利用时间的工具，使家庭更为舒适、安全、高效和节能。

4.3.2 智能家居组网技术

根据智能家居设备之间的连接方式，智能家居组网方式分为集中布线方式和无线连接方式。

1. 集中布线方式

需要布设弱点控制线来发送控制信号以及接收受控设备的反馈信号，以达到对各个子系统进行控制的目的，主要用于家居智能化控制，因为是以独立、有线的方式进行信号的收发，所以最具稳定性，适用于新建楼宇、小区和别墅的大范围控制，但一般布线比较复杂，造价较高，工期较长，适用于新装修用户。

2. 无线连接方式

无线连接方式根据使用无线技术的不同分为无线WLAN技术、RF无线射频技术、蓝牙无线技术等。无线射频技术由于其低复杂度、低功耗、低数据速率，是一个低成本、较受欢迎、近距离的无线通信技术。但传输稳定性较差、抗干扰能力不强的问题。

4.3.3 智能家居功能

智能家居控制系统的带给真正全新的、高品质的生活方式。

1. 高度智能化

轻点一下图4-2所示触摸屏代替所有繁锁的手动操作。

1）举例一：当看家庭影院时需要上下左右前后四处调节各种设备。如：

（1）开关和调节多个方位的灯光。

（2）调节房间温度。

（3）关闭多处窗帘。

（4）打开电源插线板。

（5）打开DVD、等离子、功放等设备电源。

（6）用等离子遥控板调到AV频道。

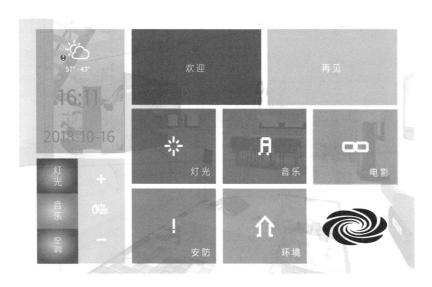

图 4-2　智能触摸屏

（7）用DVD遥控板进行播放和调节。

（8）用功放遥控板调节音量到适当位置。

（9）若采用投影还需拉下投影幕再降下投影机吊架。

（10）打开投影机预热后还需选择视频源。

……

而采用智能家居控制系统只需轻点一下触摸屏上的"家庭影院模式"，所有的一切都将一步到位。

（1）灯光自动调节。

（2）温度自动调节。

（3）窗帘自动关闭。

（4）设备自动上电。

（5）功放等设备自动开启。

（6）音量自动调节。

（7）影片自动开始播放。

（8）若采用投影机，幕布自动降下。

（9）投影机吊架自动降下。

（10）投影机自动开机。

（11）自动选择视频源。

……

而当看完节目时，原本需要对各种设备和电气进行繁琐的手动复位操作，而采用智能家居控制系统将会由程序实现自动设备复位或只需轻点一下触摸屏上的"放映结束"，所有的一切再次一步到位。

另外，在放映过程中的任何操作和调节，只需拿起手边的屏进行点击操作，无需上下前后左右东奔西跑对每个设备进行手动调节。

2）举例二：当回家时通常又需要手动调节各种各样的设备和电气设施。如：

（1）打开走廊、大厅及房间灯光再关掉走廊灯光。

（2）打开空调并调节温度。

（3）打开观景窗帘。

（4）手动选择喜欢的曲目和调节音量播放背景音乐。

而采用智能家居控制系统只需轻点一下触摸屏上的"回家模式"，所有的一切都将一步到位。

（1）走廊灯光自动感应亮起，经过之后自动熄灭。

（2）大厅及房间灯光自动亮起并自动调节到一定亮度。

（3）室内空调自动打开并自动调节到相应温度。

（4）空调也可以在到家前通过电话或网络提前打开，其他设备亦如此。

（5）观景等窗帘自动打开。

……

而离开家时，原本要对各种设备和电气进行繁琐的手动复位操作，而采用智能家居控制系统将会由程序实现自动设备复位或只需轻点一下触摸屏上的"离开模式"，所有的一切再次一步到位。

另外，在家里对整个家居的任何操作和调节，只需拿起手边的屏进行点击操作，无需上下前后左右东奔西跑对每个设备进行手动调节。

2. 操作更简单

现代家居中各种各样的家电和设备设施在操作和控制方面都是相对独立的，这使得每种家电和设备设施都有各自的遥控器、控制面板、调节器等使用起来极不方便。往往找对应设备的遥控器就找上半天并且每个厂家的按键设置习惯大不相同，这使得原本应该享受的生活却因为一大堆控制器的操作而带来了不少烦恼。

采用智能家居控制系统，只需通过触摸屏就可完成对所有设备的集中控制，使操作更简单，让从繁锁的家电和设备设施控制中摆脱出来真正享受生活的乐趣。

举例：对于一个家庭通常有很多的家电和设备设施控制器，如：

（1）DVD遥控板（可能不止一个）。

（2）电视遥控板（可能不止一个）。

（3）功放遥控板（可能不止一个）。

（4）空调遥控板或墙面调节器（可能不止一个）。

（5）灯光的各种墙面开关（太多）。

（6）电动窗帘遥控板。

……

取而代之，只需一个触摸屏或者直接通过语音就可完成所有一切的控制，是不是更操作更简单呢？

3. 使用更方便

举例：

（1）居家生活中，若已经上床休息，这时想起厨房没有关灯，怎么办？

（2）若已经在客厅，发现卧室的背景音乐还没有关，怎么办？

（3）类似的事情还有很多，因为众多的灯具、窗帘等都分布在不同房间，空调也分多个区域进行控制，摄像装置又有太多等。

（4）这每种情形下都需要来到对应设备和设施跟前才能对其进行操作。

而采用智能家居控制系统，手持无线触摸屏无论在家中的任何地方都可以控制家里任何的设备和设施，不用跑上跑下，跑来跑去，真正享受居家生活的方便快捷。

4. 墙面更整洁

目前家居中所涉及各种各样的系统，如：灯光系统、中央空调系统、家庭影院系统、网络及计算机布线系统、背景音乐系统……但随之而来的就是每个系统在墙面上都会安装大量的开关面板、调节面板、甚至是挂墙的设备。

举例：在楼道到房间和上下楼的倒角处的前后左右直径1m的范围内墙面往往有包括楼道灯光开关、门禁开锁或可视对讲挂墙设备、左边房间灯光开关、左边房间空调旋钮、左边房间音乐调节旋钮、右边房间灯光开关、右边房间空调旋钮、右边房间音乐调节旋钮等，再加上网络端口、电话端口、有线电视端口等就聚集了不同颜色、不同类型、不同尺寸、不同形状的开关，墙面显得杂乱无序。

采用智能家居控制系统，只需一个漂亮、高彩色分辨率、匹配家装色彩风格的嵌墙触摸屏将所有的传统墙面开关面板、调节面板和挂墙设备全部取代。使居家的墙面变得更加整洁，为营造一个最佳的生活空间。

5. 生活高品质

智能家居控制系统是目前最完整、最成熟的智能家居整体解决方案，它带给人们的是一套高度智能化、操作更简单、使用更方便、墙面更整洁、居家更安全的智能家居系统，使人们真正享受完美的、高品质的生活！

4.3.4 智能家居技术架构

智能家居系统由多个不同的子系统组成，根据各系统功能架构的不同，我们将子系统归纳为：智能灯光系统、电动窗帘、电动遮阳篷系统、HVAC空调系统、背景音乐系统、音视频分配系统、语音控制等。

1. 智能灯光系统

智能灯光系统顺应整个家居安装的需求，是一套具有强大性能的自动化控制解决方案。智能灯光系统采用了大量的模块化结构设计，并可通过功能强大的自动控制系统进行控制。

智能家居中央控制系统实现了智能灯光系统的整体中央控制，是目前居家生活中提供最完整和最全面的控制系统。通过简单明了的触摸屏界面，省去了墙面安装的各式开关面板、调光面板等，使家居中墙面简单整洁。同时也省去了奔跑于各个房间或各个区域甚至各个楼层的灯光开关之间而手忙脚乱。这一切都只需在触摸屏界面轻轻点击一下就代替了各个房间的奔跑。

每种安装方案都是可以完全定制，能够实现复杂系统功能的流水作业式控制和自动化。只需按一下按钮就可改变整个房间的室内环境，昏暗时室内灯光可定时自动启动，还可以通过手机或掌上计算机遥控室内环境。Home®家庭系列中的智能灯光控制系统实现了灯光调整、控制、窗帘开关与其他所有系统的无缝集成。

整个方案的灯光控制首先可以按照房间、走廊和公共区域进行划分，通过设在房间内的触摸屏/按键面板（嵌墙/无线）进行本地控制或同安防监控、消防系统配合，实现灯控与安防、消防联动来实现。

通过网络与其他控制系统同相连接，协调每个子控制系统的运作，使每个房间既可以独立运作，也可以协同管理，搭建一个最稳定的网络。

通过与自配的动作传感器，实现人到灯开，人走延迟5s后灯光渐暗等功能。

通过与使用光感传感器，监测房间照度的方法，自动调亮或调暗照明。以达到节能的效果。

使用各种手段管理灯光控制系统、触摸屏、网络、PDA、电话，让用户可以使用最简便的方法在任意时候、任意地点（甚至是泳池里）都可以控制自己的房间中的设备。

使用的灯光控制系统用户还可自由定制自己的模式。

主机是纯硬件产品可以24h 365d开机。为提供全天候的服务。

系统在保留普通开关的功能和特点的同时，响应电话远程控制、集中控制、无线遥控、电脑控制、定时控制、网络控制等各种控制方式，同时在对各种灯具的微观控制上还具有以下优点：

一键场景控制功能：只需一次轻触操作即可实现多路灯光场景的转换。

1）灯光场景为后期编程模式

灯光软启：开灯时，灯光缓缓地亮起，关灯时，灯光缓缓地熄灭，消除了光线骤变对眼睛的刺激，既保护眼睛，也减小电流对灯丝温度的冲击，延长了灯具的使用寿命，保护灯泡。

亮度调节：可以任意调节灯光的亮度，从而配合各种家庭场景设置，为和家人营造出更多更加温馨和浪漫的场景氛围。

记忆功能：电脑会自动记忆前一次开灯时设置的灯光效果，让智能照明系统的操作更具人性化。

场景功能：只要轻按一个键，就可以得到想要的灯光和电器的组合场景，如回家模式、离家模式、会客模式、就餐模式、影院模式、夫妻夜话、夜起模式等。

2）色彩与调光控制

不同的色彩对人产生的心理影响是不同的，如暖色系、冷色系运用在客厅、餐厅或卧室中就会产生截然不同的效果，同时不同的人对色彩的偏好也是不同的，因此一个对生活品质有一定要求的人，必定会关注其居室内所采用的色彩及色彩的搭配，而不同的色彩及不同色彩的搭配，在不同的照度下会产生不同的效果，因此的调光功能，可使室内的色彩在不同的照度下产生不同的氛围，以适应不同的人对环境及色彩的不同要求和喜好，也就是个性的体现。

3）客厅部分的场景控制

作为一个家庭集中活动的场所，一般配有吊灯、射灯、壁灯、筒灯等，可以用不同的灯光相互搭配产生不同的照明效果。

可以设定休闲模式娱乐、电视模式、会客模式等场景模式供随时选用。

会客场景模式：为吊灯亮80%、壁灯亮60%、筒灯亮80%；

电视场景模式：为吊灯亮20%、壁灯亮40%、筒灯亮10%；

PARTY场景模式：吊灯100%、壁灯亮100%、筒灯40%等。

因为采用了调光控制，灯光的照度可以有一个渐变的过程，通过遥控器或通过面板现场控制，可以随心所欲地变换场景，营造一种温馨、浪漫、幽雅的灯光环境。

灯光整体控制操作界面如图4-3所示。

通过灯光整体控制界面，可以简单地通过点击该界面对各个房间，各个区域灯光进行开关和灯光明暗调节。再也不用再面对众多的墙面开关，也不用再去查看墙面开关上那小小的灯光标签说明。只需坐在沙发上通过桌面式触摸屏让一切灯光控制得心应手，也可以躺在床上点一下就寝模式所有灯光将按要求开关或调节到指定位置。除了对灯光的整体控制，也可以单独对每个房间，每个区域进行选择性的控制。

2. 电动窗帘、电动遮阳篷系统

家居控制系统可提供门窗帘及遮阳篷控制的控制接口，实现对不同区域、房间的门窗帘及遮阳篷

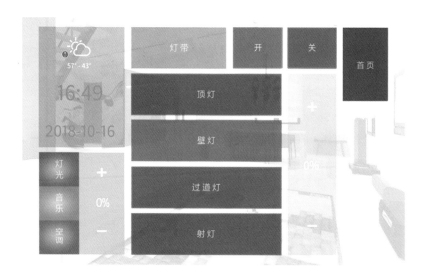

图 4-3　灯光整体控制操作界面

的控制；家居控制系统还可以根据不同的场景、不同环境进行模式设定，通过简单的操作就可实现整体模式的控制。

通过使用控制系统，不但可以随时控制窗帘的状态，还可以与灯光、感应器等相连接，根据不同的需求达成不同控制。如在不同照度情况下，将窗帘调节到不同的开关幅度，以保证室内的光亮度。

3. HVAC空调系统

智能家居中央控制系统提供了功能强大的室内环境温度控制系统，实现对居家环境中的温度进行智能控制和调节。如在下班回家时，空调提前10min调节好室内温度迎接到家，在入睡后一个小时空调按照模式设置自动关闭或进行适当调节……空调控制系统为居家生活营造了一个宜人的温度环境。

利用全系列智能自动调温器和感应器，使室内温度控制同自动化家居无缝集成。通过触摸屏界面轻松控制室内温度环境，营造良好的居家氛围。

通过与中央空调系统的接口获取，可以实时探测到室内的温湿度值，根据季节情况或选择的温度，湿度模式实现对房间的气候进行自动恒温调节。

通过主机的协调控制可以协作环境系统地整体动作，如各种场景的定制，如当选择睡眠环境时空调系统和灯光系统会协同调整到主人自己定制的睡眠环境，灯光变暗，空调调节到睡眠状态。

通过控制主机甚至可以根据不同季节自动调节环境，将主人从繁琐的环境控制中解脱出来。

如图4-4所示的操作界面代替了使用空调遥控器或墙面旋钮调节的麻烦。同时，还可预设空调运行日程，并且自动调节温度，使操作一步到位，更加简单，省去了找遥控器和到门口才能通过墙面旋钮进行调节的烦恼。

可以配合大多数HVAC厂商设备，运用统一的触摸屏/按键面板实现对室内温度，湿度的控制。控制系统可以和任何支持Lonwork、RS232C、EIB或通用空调总线的HVAC兼容。

空调相配合使用丰富的控制界面，随意调节家居中的环境，如Dakin。另外我们也可以提供通用的空调总线接口，通过对空调系统的回读信息控制反馈每个房间的状态，并通过触摸屏、按键面板、PDA等多种控制方式，令使用者在任何时候都可以控制房间中的环境控制系统对房间的环境温湿度进行调节，或通过控制主机进行自动调节。

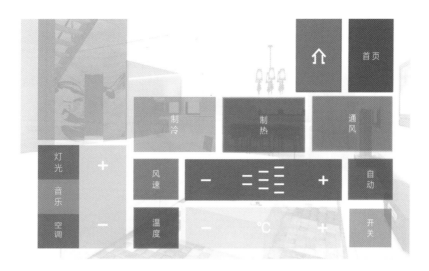

图 4-4　空调系统操作界面

4. 背景音乐系统

提供了背景音乐系统解决方案，把背景音乐系统的控制也集中到家居中央控制系统，使背景控制与其他系统融为一体。

从厨房中的经典摇滚到淋浴中的舒缓音乐，无论身在何处，都能轻松设置准确的音色。

只需轻触时尚的触摸屏、遥控器或键盘，即可控制听到的内容和听到的声音。触发收藏夹、播放/暂停、跳过歌曲、查看"正在播放"信息，并轻松关闭所有音频区域。要获得更多控制，请直接在选定的触摸屏上启动应用程序，如图4-5所示。

图 4-5　背景音乐操作界面

同时，该系统可纳入中控系统里，与AV系统、灯光系统相整合，即通过触摸屏可实现各种音源的切换、音量的调节、音源的各种控制等等。真正打造完美的智能家居系统。

5. 音视频分配系统

为家庭影院、影音室、客厅和每个室内外空间提供前所未有的音频和视频技术。视频矩阵平台可确保在家里的每个屏幕上都能欣赏到 4K 的画面；多窗口处理器允许同时观看4个信号源（或更多）。

1）消除视觉混乱

太多的灯光开关会导致墙面杂乱无章，不美观；电视也有同样的问题。其实可以减少安放在电视边上的一些设备，比如机顶盒和各种连接线缆，让拥有更整洁和更美观的家居环境。所有这些杂乱无章的东西都可以很容易地藏在衣柜、储藏室、地下室、专用机房或其他合适的地方。需要看到的只是电视和遥控器。通过将扬声器安装在天花板和墙壁上或将它们隐藏在柜子中，又或在电视下方使用有品位的条形扬声器，音频系统也可以看起来非常整洁。通过视频分配器，可以消除空间的视觉混乱。

2）操作方便

视频矩阵使整个家居自动化系统更加完善。例如家中的AppleTV®、电视盒、卫星电视和游戏系统等，所有这些娱乐资源都可以很方便地在家中的任一电视机上观看。不需要因为想看不同的视频源跑到不同的电视机旁。所需要的这一切只是按下一个按钮或通过语音命令就能实现。更值得一提的是，视频分配系统可以完全与照明和遮阳控制集成，只需一个按钮即可创建完美的观看环境：灯光变暗，窗帘关闭，最喜爱的电影开始播放。

3）减少"硬件"的数量

使用视频矩阵，不需要安装那么多的机顶盒。有了视频分布，一个三人家庭，生活在一个豪宅里面，只要三个机顶盒就可以做到这一点。一个给自己，一个给配偶，一个给孩子。不需要在每个不同的房间都安装一个机顶盒。简单的信号源选择和分配功能使能够在家中的任何位置的电视上观看任何内容，可以是客厅、卧室、卫浴、厨房、地库、游戏室或影音室等。所有硬件都隐藏起来，只需按下按钮或手持遥控器的屏幕即可选择要观看或播放的内容。

集中设备以简化故障排除，服务和保证空间隐私；将所有硬件整合到家中的一个便利位置，具有许多优点，包括：

（1）轻松管理电源和散热，无需担心家庭娱乐室和卧室等关键区域的通风问题。

（2）如果某个机顶盒出现问题，专业技术人员可以快速将另一个机顶盒重新路由到正在观看的电视机。

（3）更好地掌控整个视频分布系统。因为设备都集中在一个地方，服务或支持团队不必走到家中的每台电视机旁进行排查，他们可以前往集中式机房，在一个位置就可以查看所有问题。

（4）如果系统需要上门服务，集中式机房可将访问权限限制在一个房间内，而不是整个房子里。服务人员不需要在家中到处检查排除问题。就可拥有绝对的隐私空间。

（5）最佳的视频质量，想获得最佳的图像质量，有了对4K60HDR视频的支持，无论是电影、体育节目、表演节目还是游戏，都可以尽情享受最棒的视觉体验。

4）监视和控制孩子们能看什么

由于所有机顶盒和其他资源都可以在每台电视机上观看，因此可以在他们不知情的情况下监视孩子们观看的内容。可以通过制定一个时间表，以便在指定的时间内（例如，他们应该做家庭作业时）或者在晚上过了特定的时间时无法观看电视。你甚至可以限制他们打开电视机。

音视频分配系统解决方案示意图如图4-6所示。

6. 语音控制

人工智能产业高速发展，创新变革日新月异。智能家居，即家居场景智能化，将从设备自动化控制延展到建筑、装饰、电器、设备和信息服务获取等多个维度。智能家居再添新成员—科大讯飞的魔飞。魔飞（MORFEI）智能麦克风从提供智能人机交互界面开始，通过AIUI平台逐步连接智能硬件、

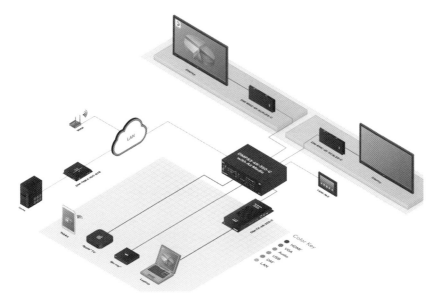

图 4-6　音视频分配系统解决方案示意图

电气设备、信息服务等元素，实现全场景的智能化，为市场和客户提供完整的解决方案。

业界最精致小巧尺寸的MORFEI，直径仅65mm，同时搭载八麦的4+4双环空间结构，实现了空间全方位拾声的功能，可以做到5m有效的拾声距离，唤醒率超过95%。因为能在三维空间内全方向拾取声音的特征，MORFEI可被贴在墙上或天花板上，随心摆放，适应各种场景，如图4-7所示。

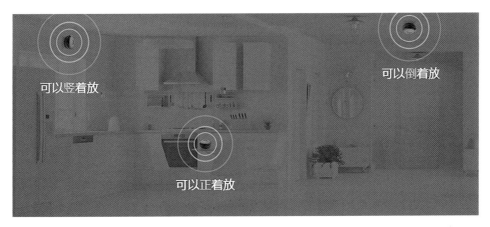

图 4-7　MORFEI 设置位置

4.4　会议系统

4.4.1　系统概述

为保证系统业务应用，选用系统及设备必须具有高可靠性。在系统设计时，首先考虑选用稳定可靠的产品和技术，在通信链路上采取相应的冗余措施，使系统具有必要的容错能力以提高整个系统的安全可靠性。

会议系统应具有良好的灵活性和可扩展性。不仅能够满足会议使用者不同需要，同时兼容不断更新设备及技术的功能，具备支持多种通信媒体、多种物理接口的能力，提供技术升级和设备更新的灵活性。

在系统设计中应考虑设备的易管理性。通过会议系统管理软件及集中控制系统，实现对会议系统和其他电子设备便捷、高效的集中控制。

以较高性能价格比的设备构建会议系统，并能以较低的成本、较少的人员投入来维持系统运转，提供高效能与高效益。

会议系统设计应遵循实用性和发展的原则。产品除了满足会议需求，兼顾其他相关的管理需求外，充分选用符合国际标准代表未来发展主流方向的系统结构和管理平台来进行，使整个系统在相当一段时期内保持技术的先进性，以适应未来高服务质量及良好效果的需要。

4.4.2 会议系统涉及场所

（1）多功能厅。

（2）培训室。

（3）大/中/小部门会议室。

（4）接待室。

（5）视频会议室。

（6）董事会议室。

（7）会议总控室。

4.4.3 会议系统涉及子系统

（1）会议发言系统。

（2）同声传译系统。

（3）无纸化系统。

（4）视频显示系统。

（5）摄像及录播系统。

（6）集中控制系统。

（7）视频会议系统。

（8）舞台灯光及吊杆系统。

（9）会议预约及会务管理系统。

（10）互联互通系统。

4.4.4 系统设计

会议室的声学要求，应有助于语言的传输。在通风和照明这些固定设备工作时，其空场环境噪声应不超过40dB（A计权）声压级。

应考虑会议室的吸声效果和混响时间，防止啸叫。

会议室翻译间的技术要求按《红外线同声传译系统工程技术规范》GB 50524—2010中的有关条款执行。

4.4.5 会议发言系统

1. 系统分类与组成

会议发言系统根据设备的连接方式分为有线会议讨论系统、无线会议讨论系统及模拟发言话筒，其中无线数字会议讨论系统主要有红外线式和射频式两种，根据音频传输方式的不同，有线/无线会议讨论系统分别分为模拟与数字系统。

（1）有线会议讨论系统由会议系统控制主机、有线会议单元，以及连接主机与会议单元、会议单元与会议单元的线缆组成。

（2）无线会议讨论系统由会议系统控制主机、无线会议单元、信号收发器（无线射频收发器或红外收发器）以及连接主机与信号收发器的线缆组成。

（3）数字会议讨论系统（包括有线/无线）可配备会议控制管理软件，实现会场座席安排、会议信息管理、话筒管理等功能。

2. 功能要求

在会议讨论系统中，参加讨论的人可以在其座位上方便地使用话筒。所有的主席和代表的会议单元上都应有一个"话筒按钮开关"和状态指示器，主席会议单元应设有一个"优先按钮开关"。

根据需要，会议单元可配备显示屏，在线显示发言人数、申请发言人数，以及接收操作员发送的短信息。

会议单元话筒应具有抗射频（如移动电话）干扰功能。

设计有线会议讨论系统时，应考虑长距离传输对音频信号的影响。当会议单元到会议系统控制主机的最远距离较长（如大于50m）时，宜采用数字音频传输的数字有线会议讨论系统。

根据需要，可选择射频式或红外线式无线会议讨论系统。会议对保密性有要求时，应采用红外无线会议讨论系统。

对于大型会议和重要会议，应采用冗余备份设计。

3. 会议室需求选择

大于20人中大型讨论会议室，宜设置数字讨论系统。

培训室及报告厅，宜设置鹅颈话筒及无线流动话筒。

4.4.6 同声传译系统

1. 系统分类与组成

会议同声传译系统由翻译单元、语言分配系统、监视器以及同声传译室组成。

语言分配系统主要有发射主机、红外辐射版、接收机及耳机组成。

2. 功能要求

经常需要将一种语言同时翻译成两种及以上语言的会议室应设同声传译设施。

按照需求可以采用有线或无线同声传译的收听装置，应具有音量控调节、通道选择功能。

在会议同声传译系统中，应配备内部通话功能。在会议过程中发生故障时，翻译员应能通过专用的音频呼叫通道，通知演讲人。

如会议系统中包含会议讨论系统，应优先考虑将同声传译功能集成在会议讨论系统中。

3. 会议室需求选择

多功能厅、董事会议室、大型培训室宜设置同声传译系统。

4.4.7 无纸化系统

1. 系统分类与组成

无纸化系统由系统主机、无纸化设备、管理软件及配套组成。

无纸化系统根据设备的连接方式分为有线无纸化系统和无线系统，其中有线系统通常采用升降屏或翻转屏显示；无线系统采用可流动平板显示。

2. 功能要求

无纸化系统，会前可通过预约平台可查看会议室预约情况。后台系统可根据会议情况为参会人员编排座席，管理会议议程、信息等内容，并上传相关会议资料、设置投票需求等。

会中可实现各模块的场景应用，会议引位、会议签到、会中资料上传、批注的应用、上大屏、分享的同步和异步、视频的同时播放、视频会议对接应用、会议投票等。

会后可实现会议资料的保存、下载、批注的保存形式展现，会议签到统计表、会议表决的导出，与会人员资料的下载。

3. 会议室需求选择

董事会议室宜设置无纸化系统。

4.4.8 会议扩声系统

会议扩声系统设计应与建筑设计、建筑声学设计和其他有关工程设计专业密切配合。

装修设计时在控制厅内混响时间、房间体型、反射声分布和避免声缺陷等问题时，应将扬声器系统位置作为主要声源点之一。

扩声系统的设计应符合现行国家标准《厅堂扩声系统设计规范》GB/T 50371 的相关规定。

厅堂会议扩声主要是观众厅扩声系统，主席台返送监听系统可根据具体情况设置。

会议扩声系统模拟信号的传输，其电气互连的优选配接值应符合现行国家标准《音频、视频和视听系统互连的优选配接值》GB/T 14197的规定，系统设备之间宜采用平衡传输方式，数字信号的传输和接口应符合现行行业标准《多通路音频数字串行接口》GY/T 187 的规定。

会议扩声系统设计应提供完整的图纸及说明文件。包括管线图、设备位置图、系统图、设备的选型和配置说明及接线图。

会议扩声系统的设计可采用先进的计算机辅助设计手段，但应给出分析结果的适用范围。

1. 扩声系统特性指标

1）电气系统特性指标应符合以下规定：

（1）在扩声系统额定带宽及电平工作条件下，从传声器输出端口至功放输出端口通道间的频率响应不应劣于0～1dB。

（2）在扩声系统额定带宽及电平工作条件下，从传声器输出端口至功放输出端口通道间的总谐波失真不应大于0.1%。

（3）在扩声系统额定带宽及电平工作条件下，从传声器输出端口至功放输出端口间通道的信噪比应不劣于通道中最差的单机设备信噪比3dB。

2）会议类扩声系统声学特性指标应符合表4-1所列的规定。

表 4–1

会议类扩声系统声学特性指标

等级	最大声压级（dB）	清晰度 STIPA	传输频率特性	传声增益	声场不均度（dB）	系统总噪声级
一级	额定通带内大于或等于98dB	小于或等于0.5	以125～4000Hz的平均声压级为0dB，在此频带内允许范围为−6dB～+4dB	125～4000Hz的平均值大于或等于−10dB	1000Hz、4000Hz 时小于或等于8dB	NR-20
二级	额定通带内大于或等于95dB	小于或等于0.45	以125～4000Hz的平均声压级为0dB，在此频带内允许范围为−6dB～+4dB	125～4000Hz的平均值大于或等于−12dB	1000Hz、4000Hz时小于或等于10dB	NR-25

3）多用途类扩声系统声学特性指标，应符合表4-2所列规定。

表 4–2

多用途类扩声系统声学特性指标

等级	最大声压级（dB）	清晰度STIPA	传输频率特性	传声增益	声场不均度（dB）	系统总噪声级
一级	额定通带内大于或等于103dB	小于或等于0.5	以125～6300Hz的平均声压级为0dB，在此频带内允许范围为−4dB～+4dB	125～6300Hz的平均值大于或等于−8dB	1000Hz、4000Hz时小于或等于6dB	NR-20
二级	额定通带内大于或等于98dB	小于或等于0.45	以125～4000Hz的平均声压级为0dB，在此频带内允许范围为−6dB～+4dB	125～4000Hz的平均值大于或等于−10dB	1000Hz、4000Hz时小于或等于8dB	NR-25

2. 话筒的设计

（1）系统宜配置足够数量的话筒。

（2）可采用动圈、电容、驻极体、PEM原理的有线话筒，或无线话筒系统。

（3）主要话筒宜选用有利于抑制声反馈的传声器。

（4）厅堂类会议场所应分别在主席台出口和观众席等处按功能需要设置话筒插座。

（5）具有演出功能的会议场所，若现场多个工位同时需要话筒信号，宜设置话筒信号分配系统。

3. 扬声器系统的设计

扬声器系统的设计应根据会议场所主席台大小和观众席空间高度、容积等具体情况按照以下要求进行：

（1）扬声器系统根据会议现场情况可选用集中、分散或集中分散相结合的分布方式。

（2）扬声器系统根据厅堂主席台口长宽、大小可采用相应单通道、双通道和三通道系统。

（3）扬声器系统可选用有源（带功放）扬声器或线阵列扬声器系统。

（4）会议场所选取的扬声器、扬声器声道数、扬声器数量或线阵列数量应满足会议扩声声学特性指标和语言清晰度的设计要求。

（5）主席台返送监听音箱应安装在靠近舞台台口位置，并应独立控制。

（6）扬声器系统的安装，无论明装或暗装，均应减少安装条件对扬声器系统声辐射的影响。

（7）功率放大器与主扬声器系统之间的线路功率损耗应小于主扬声器系统功率的10%，次低频扬声器系统的线路功率损耗宜小于5%。

4. 调音及信号处理设备的设计

（1）扩声系统应配置独立的调音台，调音台的输入通道总数不应少于最大使用输入通道数。调音台应具有不少于扩声通道数量的通道母线。

（2）独立的会议扩声系统应配备自动混音台保证多个扩声器输入而只有一组输出的调音台。

（3）数字音频处理器DSP输入路数应满足调音台主输出需要路数；DSP输出路数应满足相应扬声器个数或线阵列的路数。

（4）DSP的每一路应具有分频、高低通、滤波、压限、均衡、参数均衡、位相、延时等所需要的功能模块。

（5）自动反馈抑制器AFS宜单独配置，插入调音台编组输入；1/3 倍频程均衡器应具有降噪声系统，便于现场调音。

5. 调音控制室

（1）扩声控制室宜设置在便于观察舞台（主席台）及观众席的位置，中小会议不做设置。

（2）具有演出功能的会议场所，应面向舞台及观众席开设观察窗，窗的位置及尺寸应确保调音人员正常工作时对舞台的大部分区域和部分观众席有良好的视野。观察窗可开启，操作人员在正常工作时应能够获得现场的声音。

（3）声控室面积应满足设备布置、设备操作及正常检修的需要，地面宜铺设活动架空地板。

（4）声控室内正常工作时若有发出干扰噪声的设备时，如带冷却风扇的设备、电源变压器等，宜设置设备间；设备间不应对声控室造成噪声干扰。

4.4.9 视频显示系统

1. 系统分类与组成

显示系统的分类按照显示器件的不同，可以分为交互式电子白板显示系统、小间距LED大屏系统、投影显示系统和液晶拼接（LCD）显示系统；根据会场需要可将以上显示方式进行组合使用。

显示系统由信号源、传输路由、信号处理设备和显示终端组成。

信号源包括计算机信号、视频信号和网络信号。

传输路由可以是视频同轴电缆、双绞线、光缆和VGA、SDI、HDMI等连接线。

信号处理设备包括分配器、信号转换器、矩阵切换器和图像处理器等。

2. 性能要求

显示系统的设计除应符合现行国家标准《视频显示系统工程技术规范》GB 50464和《会议电视会场系统工程设计规范》GB 50793中的相关规定外，还应符合以下规定要求：

（1）显示屏物理分辨率不应低于主流显示信号的显示分辨率，且宜具有1080P以上高清分辨率。

（2）显示屏幕的屏前亮度宜比会场环境照度高100～150cd/m²。

具有交互式电子白板功能的显示系统，其触摸定位性能应符合以下规定：

（1）可采用专用手写笔和手触摸方式进行书写定位操作。

（2）触摸分辨率不应小于显示屏的物理分辨率。

（3）触摸响应速度不应大于20ms。

（4）手触摸操作定位误差不应大于±2mm，触摸定位误差不应大于±0.5mm。

3. 功能要求

1）视频信号的接入应符合以下规定：

（1）视频信号应具有标准SDI、S-Video视频输入接口。

（2）视频信号应具有VGA/DVI/HDMI接口，并支持主流标准格式。

（3）视频显示系统应具有RS232/485或RJ45中控接口，便于在中控系统中统一控制和管理。

2）具有交互式电子白板功能的视频显示系统，应具有以下功能：

（1）应提供与电脑连接的控制接口。

（2）宜通过配套外设，通过无线方式，实现电脑与系统的图像接入和控制连接。

（3）触摸定位系统应至少提供针对Windows操作系统的驱动软件。

（4）除支持手指触摸外，提供配套的无源书写笔。

3）应提供配套的电子白板软件。该软件宜具有以下功能：

（1）可实现电子白板的手写、保存、打印等功能。

（2）可在当前显示的任意视频画面上手写、标注。

（3）书写定位应精确，响应速度快，笔迹流畅，无盲区，无断笔。

（4）可选各种颜色、粗细的笔迹效果。

（5）可显示系统接入的各类视频图像，并进行控制和标注。

（6）可实现在常用计算机文档上的手写标注。

（7）手写标注的结果，可以保存、打印和分发。

4. 会议室需求选择

在设备选型时，应优先考虑采用主流先进技术的高可靠性产品。

需要进行讨论交流的会议室，如：中小会议室、培训室、接待室等，应采用具有交互式电子白板功能的显示系统。

具有交互式电子白板功能的显示系统，应具备固定和可移动立式两种安装方式，便于根据会议室情况和使用需求灵活部署，提高利用效率。

4.4.10 摄像及录播系统

1. 系统分类与组成

会议摄像系统可由会场流动摄像和会议固定安装摄像机组成。

录播系统由分布式架构录播系统和一体机架构录播系统组成。

摄像系统由摄像机、摄像机云台、解码器、支架、视频切换器、视频分配器、控制主机、控制软件及控制键盘等组成。

录播系统由录播一体机、录播编解码器、录播服务器、存储器及录播软件等组成。

2. 功能要求

摄像机镜头应根据摄像机监视区域大小设计使用定焦镜头或变焦镜头。

跟踪摄像机镜头应采用变焦镜头，应能摄取所有需要跟踪画面。

会议摄像系统应可实现多台摄像机之间及视频信号之间的快速切换。

控制主机宜可以兼容不同品牌的摄像机。

系统应具有对音频、视频和数据文件进行录制\（实时）直播、（事后）点播的功能。

播放系统宜具有可视、交互、协同功能。

3. 性能要求

摄像机宜采用1080P及以上的分辨率。

系统应能对会议室的AV信号进行同步录制，直播及点播，要求在一个会议室中至少支持3路信号的同步录制。系统应具备扩展能力，可支持更多路信号的同步组合录制。

系统宜采用基于IE浏览器的系统管理和使用界面的 B/S 架构。

应支持第三方中控系统来对设备进行管理和操作。

系统宜具有存储空间的扩展能力：如支持标准的 iSCSI 标准的 SAN 结构的外存储服务器。

4. 会议室需求选择

董事会议室、多功能会议室、培训室、视频会议室宜设置摄像及录播系统。

4.4.11 集中控制系统

1. 系统分类与组成

集中控制系统由中央控制主机、触摸屏、音视频矩阵及电源控制器、灯光控制器、墙面面板等外围设备组成。

根据控制方式的不同，集中控制系统分为无线单向控制、无线双向控制、有线控制等形式。

2. 功能要求

集中控制系统应具有开放式的可编程控制平台和控制逻辑，以及人性化的可定制控制界面。

应具有音量控制功能，并能方便地进行混音控制。

应能够与会议讨论系统进行连接通信。

应能够控制音视频自由地切换和分配。

应具有多路 RS-232 控制端口，能够控制串口设备。

应能够对需要通过红外线遥控方式进行控制和操作的设备（如DVD、电视机）等，进行集中控制。

应具有多路数字I/O控制端口和弱继电器控制端口，能够控制电动投影幕、电动窗帘、投影机升降台等设备。

应具有RS-485控制端口，并支持任何RS-485控制协议。

应具有RJ45网络控制端口，支持TCP/IP网络控制协议。

应具有外围设备扩展端口，能够扩展连接多台电源控制器、灯光控制器、无线收发器、墙面面板等外围设备。

应具有自定义情景存贮及情景调用功能。

应能够配合各种有线和/或无线触摸屏，可实现遥远控制所有功能。

3. 会议室需求选择

董事会议室、多功能会议室、培训室、大会议室宜设置集中控制系统。

4.4.12 视频会议系统

1. 系统分类与组成

系统的建设必须符合企业整体视频会议系统建设规划要求，能够满足与各地网络视频会议对接的要求，实现互联互通。

系统宜采用云视频平台，系统由平台、终端、云服务等组成。

2. 功能要求

系统具备多方会议、会议录制、直播和点播，支持硬件终端、PC客户端、手机APP、微信小程序、Web RTC、API/SDK接入；支持4K、1080P、720接入能力；支持H.264 HP SVC、H.265 SVC视频编码技术；支持OPUS、G.711、G.722等音频编解码协议；支持虚拟化部署，具备全球部署媒体站点；

支持会议控制、企业通信录、日程；支持电子白板、无线投屏；支持人脸识别和语音识别功能；支持PSTN电话接入服务，兼容H.323设备；支持国密算法SM4；支持AES 512加密。

终端包含主机、无线传屏器、光学变焦高清摄像机、麦克风等。多路视频输入接口（SDI、HDMI、DVI-I、USB3.0）及多路视频输出（HDMI）支持H.264SVC/H.265SVC编解码，支持4K、1080P/60、视频输出最高支持3840×2160p30。

云视频服务采用全虚拟化部署方式，实现分布式集群式媒体资源池架构，支持异地多活，支持大规模接入、无限弹性扩展，保证系统高可靠性。

支持H.264 HP SVC，H.265 SVC编解码协议；支持OPUS、G.711、G.722编解码协议；支持48K采样率全带音频；支持自动探测接入设备处理能力及网络带宽条件，自动调整实际通信带宽。

支持硬件终端、PC软终端（Windows/Mac）、个人移动设备（IOS/安卓）注册接入服务。

支持不限数量1080P并发会议，满足大型会议需求，后期可通过系统扩容方式，单个会议支持1000方并发会议。

支持会议管控功能，如预约会议、群组会议、锁定会议、会场轮询、会场点名、分组讨论、等候室等。

3. 会议室需求选择

董事会议室、多功能会议室、培训室、各类会议室均宜设置视频会议系统。

4.4.13 会议预约及会务管理系统

1. 系统分类与组成

为企业全新构建整体智能办公的软硬件环境，会议预约、会议室管理、会议室设备联动、信息可视化、数据展示、数据汇总呈现、内容展示等，整合为新的智能空间办公系统。智能空间办公系统具备Web端和移动端，实现单点登录，实现会议预订、审批，预约屏展示和数据同步；支持Web端发布、修改信息可视化终端的展示内容，并提供了友好的用户操作界面，结合邮件、短信和手机APP的会议通知功能，可以与已有的办公软件进行无缝集成。

系统架构需支持分布式，底层采用松耦合式设计，满足高可用、高并发需求，同时支持混合云（公有云或私有云）部署方式，并采用高可用架构以及双机热备的部署防止服务器故障影响系统的使用。

系统由会议预约屏、会议室状态探测器、可视化展示发布终端、会议预约管理服务器、会议预约管理平台等组成。

2. 功能要求

会议预约管理系统支持本地账号验证、AD域账号验证方式。

显示预订方式：包括单会议室模式、多会议室模式和图形化预订模式。单会议室模式可以让会议预订信息按日、周和月的方式分别显示；多会议室模式可以让同一区域的会议信息按日进行显示。单会议室模式和多会议室模式下，用户可以通过鼠标拖拽相应时间段来进行快速会议预订。图形化预订模式将会议室及相关信息用简单的图形方式显示出来，用户可以通过点击相应会议室，填写会议预订信息后进行会议预订。

用户在登录会议预约管理系统后，除了可以有三种会议查看模式可以选择外，还可以有快速预订、高级预订和会议预约管理三部分功能。

会议预约管理系统中，一旦会议室设置为需要审批才能使用，则提交预约申请的第一步是由区域管理用户进行会议申请的审批，此时其他会议及会议申请无法使用该时段的会议室资源。审批通过后才被系统认定为正式的会议预约信息；否则该申请无效，相应的会议室资源被释放。系统授权区域管理用户，为所辖区域内的需要审批的会议室使用申请进行审批。

会议预约管理系统支持在会议开始后，在线编辑会议纪要的功能。会议纪要完成后，用户可以保存到服务器中并一键发送给所有与会人员。会议纪要上传后，与会者可以通过点击会议信息上的会议纪要按钮来打开和编辑会议纪要。会议纪要的在线编辑支持系统失联后的内容自恢复。在会议预约管理中，可以通过点击每个已开始的会议信息后方的会议纪要按钮来查看和编辑会议纪要内容。

会议预约管理系统内置了两类统计功能，包括会议室统计和会议信息统计，只有区域管理用户以及系统管理用户才使用这项功能。

会议预约管理系统具有自主研发的手机APP，可以同时支持iOS和Android系统。

3. 会议室需求选择

所有会议室均需设置会议预约及会务管理系统。

4.4.14 舞台灯光及吊杆系统

1. 系统分类与组成

舞台灯光及吊杆系统设置与多功能厅、报告厅。

灯光布置以面光、侧光、顶光、硅箱、调光台、控制系统及电动升降吊点等组成。

2. 功能要求

舞台设备系统运行必须安全可靠，关键环节采用冗余备份设计以确保系统正常运行。灯光系统运行安全可靠是必须满足的第一要求，因此在系统设计中首先考虑到构筑的系统稳定成熟，并有良好的兼容性、开放性和前瞻性。

为了达到这个目标，在系统的设计（网络设计、灯光控制系统组成、灯具选择等）中，以保证绝对安全、可靠的演出活动为最根本要求，并考虑到系统和设备功能的完善和操作的便利，以及系统的扩展性、灵活性，选择在国外、国内已证明安全、成熟、可靠的产品组成本系统。

灯光控制设备具有功能的实用性、使用的安全性、操作的可靠性及灵活性、维修的方便性特点。在与国际接轨的同时充分考虑国内的使用习惯。

在灯具选用方面积极贯彻国家有关部委的文件要求：节能、绿色、环保。设备选型采用最先进的LED灯具和节能灯具相配合。灯光方案比目前剧场使用的灯光设备总用电量节约70%，方案使用了大量的冷光节能灯具，所以没有温升，避免主席台上的嘉宾因灯具的温升而感到眼睛不适。

同时，考虑到国际性交流活动，引进国际的演出团体演出，因此，适量地配备了一些国际一流品牌的专业灯具，如变焦成像灯。

这种国产和进口设备相结合的设计性价比好，适用性强，质量上乘，维护方便，运行成本低。

3. 会议室需求选择

多功能厅、报告厅宜设置舞台灯光及吊杆系统。

4.4.15 会议总控室及互联互通系统

1. 系统分类与组成

主控中心的显示系统采用2行8列LCD液晶拼接屏来完成，用于显示视频信号监控，满足信号任意组合显示、单屏显示功能。控制室会议管理系统由管理服务器、网络交换机、有线触摸屏等组成，配置超窄边的液晶拼接屏进行整体显示，通过无线触摸屏和控制电脑进行整体控制。整体系统控制界面开发要求可根据业主方的使用习惯进行定制化开发，满足实时动态预览、可视化操作效果。

系统由显示设备、核心交换机、分布式节点、服务器等组成。

2. 功能要求

软件：以多会议室管理软件平台，通过网络，在集控中心内远程完成对所管辖范围内所有会议室多媒体设备的远程全集中、全管理。

统一会控系统是整个多媒体会议系统的管理核心，要求所有控制信号汇聚至主控系统，该系统内嵌各种音视频设备的监控及控制模块，通过计算机或者触摸终端可对所有会议室的各种设备或系统实现控制、管理和监控，包括本所网络视频会议的各类设备，如MCU、网络视频会议终端等。使用统一的会控软件进行管理，建立多级管理机制，满足各会议室使用需求，从而优化用户使用体验，提高工作效率，节省人员成本。

通过会议管理系统与本所网络视频会议的对接和融合，能够支持和企业微信或其他移动客户端应用的接口，实现移动端调用直接入会；支持PC通过客户端或直接点击链接方式加入会议。实现音视频通信需求；提高通信便利性，提高用户使用体验，满足日益增长的音视频会议需求，提升工作沟通效率。另外，也支持与所内OA系统的对接。

本地会议控制系统与视频会议管理系统进行集成，进行整体控制和资源调配。系统主界面使用可视化主界面。首页为树形的功能菜单，包括整体视图、监测视图、设备管理、报警、报表、系统信息等。操作方便、简洁，对每个操作均有提示和帮助功能。设备和功能控制区域划分清晰，可方便增加、修改和删除控制键的名称、颜色和受控设备的分组、模式等。可实时显示受控设备的受控状态，并用不同的颜色进行区分，如电源开/关用红/绿表示。对音视频信号可以多窗口预览、监听并选择切换到投影机或液晶屏幕墙和音响上。系统采用所见所得的控制方式，采用图形化，控制屏同一界面保证有多路实时动态视频窗口。

3. 会议室需求选择

系统设备安装于会议总控室。

4.4.16 其他要求

1. 环境要求

会议室的环境应符合下列要求：

（1）温度18～25℃；相对湿度60%～80%。

（2）室内新鲜空气换气量每人每时不应小于18m³。

（3）室内空调气体流速不宜大于1.5m/s。

（4）会议室的墙面装饰、桌椅颜色、地毯等应有统一的色调要求；宜简洁明亮、浅色为主、双色搭配。不宜采用黑色或白色作为背景色，避免对人物摄像产生光吸收及光反射等不良效应。

（5）会议室照明应区别为日常一般照明和会议使用期间照明。

（6）会议室桌椅布置宜采用排桌式，应保证每个参会者有适当的空间。

2. 控制室、机房的环境应符合下列要求：

（1）温度18～25℃ 相对湿度60%～80%。

（2）应采用机房专用的灭火器。

（3）控制室和机房的噪声、电磁干扰、振动及接地应符合《数据中心设计规范》GB 50174—2017

中的相关规定。

（4）控制室、机房的面积应符合《数据中心设计规范》GB 50174—2017的要求。

3. 建筑声学要求

会议室建筑声学设计应以获取较好的语言清晰度和最佳的听觉效果。

会议室应根据房间的体形、容积等因素选取合理的混响时间，当会议室体积在 500m³ 以内时，宜取0.6～0.8s。声控室和同声传译室的混响时间宜为0.3～0.5s。

会议室应进行必要的建筑声学装修处理，选用阻燃型吸声材料，满足混响时间要求。

会议室声场环境应采取一定的声扩散措施，避免产生声聚焦和共振、回声、多重回声、颤动回声等缺陷。

会议室应采取有效的隔声措施，控制和降低本底噪声（包括空调系统送回风和电器噪 声等建筑物内部设备噪声的控制）。会议室允许的本底噪声级按噪声评价曲线，自然声时不应大于 NR-30，采用扩声系统时不应大于 NR-35。空调系统在上述各室内所产生的噪声不宜超过 NR-25。

控制室观察窗关闭时的中频（500～1000Hz）隔声量宜大于或等于25dB。同声传译室维护结构的中频（500～1000Hz）隔声量宜大于或等于45dB。

4. 供电系统

交流电源应按一级负荷供电。电压波动超过交流用电设备正常工作范围时，应采用交流稳压电源设备。交流电源的杂音干扰电压不应大于100mV。

会议室流动使用的设备（如摄像机、监视器等）附近均应设置专用电源插座，并应与会场音频、视频系统设备采用同一相电源。

会议室空调、灯光照明设备（含调光设备）、会场音频和视频系统设备供电宜采用不间断电源系统（UPS）分路供电方式。

在会议室、控制室、机房应设置专用分路配电盘，每路容量应根据实际情况确定，并预留一定余量。

控制室内专用配电箱（柜）宜配备浪涌保护器、电源检测和报警装置，并宜提供远程通信端口。

5. 接地系统

控制室或机房内的所有设备的金属外壳、金属管道、金属线槽、建筑物金属结构等应进行等电位联结并接地。保护性接地和功能性接地宜公用一组接地装置，接地电阻应按其中最小值确定。

对功能性接地有特殊要求的需单独设置接地线的电子设备，接地线应与其他接地线绝缘，接地线路与供电线路宜通道径敷设。

保护地线应符合下列要求：

保护地线必须采用三相五线制中的第五根线，与交流电源的零线必须严格分开，防止零线不平衡电流对会场系统产生严重的干扰影响。

保护地线的杂音干扰电压不应大于 25mV。

会议系统的工作接地，宜采用一点接地方式，接地电阻应不大于4Ω，采用共用接地时，接地电阻应不大于1Ω。

控制室宜采取防静电措施。防静电接地与系统的工作接地可合用，但其接地电阻值应满足最小者的要求。

第5章 安全技术防范系统

超高层智能安全技术防范系统应由具有智能功能的入侵和紧急报警系统、视频安防监控系统、出入口控制系统、（实时）电子巡更系统及停车库（场）管理系统以及智能安全保障系统等。智能安全技术防范系统基本组成如图5-1所示。

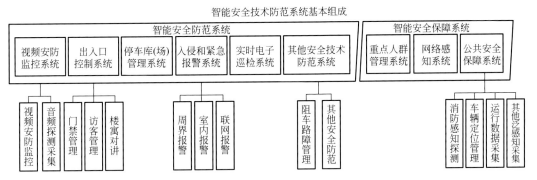

图 5-1 智能安全技术防范系统基本组成

超高层智能安全技术防范系统应包括本地智能应用和联网应用2个部分，如图5-2、图5-3所示。

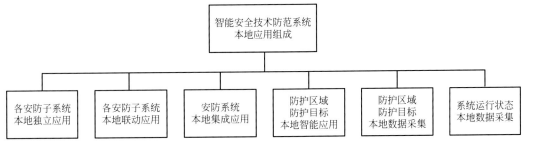

图 5-2 本地智能应用

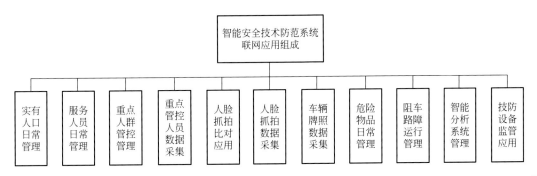

图 5-3 联网应用

系统设计应按相关技防规定进行技术方案评审，经修改完善设计方可进入后续安装调试、试运行及试验收和最终验收流程。

5.1　入侵报警系统

5.1.1　系统组成及设计原则

（1）入侵报警系统由前端探测设备、传输部件、控制设备、显示记录设备四个主要部分组成。

（2）应根据总体纵深防护和局部纵深防护的原则，构建综合设置建筑物（群）周界防护、区域防护、空间防护、重点实物目标防护系统。

（3）系统应自成网络独立运行，与视频安防监控系统、出入口控制系统等联动，具有网络接口、扩展接口，支持通过互联网实现用户移动智能终端的报警显示、信息查询等功能。

（4）根据需要，系统除应具有本地报警功能外，还应具有异地报警的相应接口；应即时推送所有入侵报警和紧急报警的报警区域、时间、类型、防区类型、人员类型、关联对象、处置人员、处置结果等基本信息至智能集成数据服务设备，并提供智能安防集成应用系统服务。

（5）系统前端设备应根据安防管理需要、安装环境要求，选择不同探测原理、不同防护范围的入侵探测设备，构成点、线、面、空间或其组合的综合防护系统。

5.1.2　防区设置

（1）周界：建筑物单体、建筑物群体外层周界、室外广场、建筑物周边外墙、建筑物地面层、建筑物顶层等。

（2）出入口：建筑物出入口、建筑物群周界出入口、建筑物地面层出入口、办公室门、建筑物内和楼群间通道出入口、安全出口、疏散出口、停车库（场）出入口等。

（3）通道：周界内主要通道、门厅（大堂）、楼内各楼层内部通道、各楼层电梯厅、自动扶梯口等。

（4）公共区域：商务中心、会议厅、酒吧、咖啡座、停车库（场）等，特别关注超高层功能转换层、避难层。

（5）重要部位：重要工作室、财务出纳室、建筑机电设备监控中心、信息机房、重要物品库、监控中心等。

5.1.3　布点要求

（1）本地报警系统：财务出纳室、水泵房和房屋水箱部位、配电站、总服务台、安防中心控制室、功能转换层、避难层等重要部位安装入侵探测器或紧急按钮等。

（2）联网报警系统：安防中心控制室内应安装紧急报警按钮，报警至区域报警中心或110接警中心。

5.2 视频监控系统

5.2.1 系统组成及设计原则

系统由前端设备、传输设备、控制设备、显示设备四大部分组成，应采用网络架构，并可通过工作站、工作站客户端等多种方式进行扩展。

（1）前端摄像机是监控系统的前沿，是整个系统的"眼睛"，把监视的内容变为图像信号，传送到控制中心的监视器上，摄像机部分的好坏及它产生的图像信号质量将影响整个系统的质量，设计时要合理选择摄像机的清晰度和控制方式。

（2）网络视频监控系统依托于网络，取电是通过PoE交换机或从弱电井和弱电间取电。弱电间的电力安全就非常重要，要避免网络和系统瘫痪，要求在设计时要提高弱电间的用电安全级别，增加UPS电源与备用供电线路。

（3）可基于IPv6网络合理进行网段分配，分布与集中式存储灵活配置，利用虚拟存储技术，组建云存储平台。以平台为核心，接入主流厂商的视频编解码设备，并且在用户端基本实现了对设备厂家和型号的透明化。

5.2.2 系统设计

系统图像显示终端应能对重点图像进行固定监视或切换监视、对联动或抓拍图像进行联动监视、对智能分析图像进行预警监视，系统图像显示终端应支持智能安防集成应用系统的显示；系统切换或轮巡显示满足当地技防要求，视频图像单画面全屏显示时，清晰度与摄像机相匹配；系统应具有视频安防监控数据导出防泄密功能；系统应即时推送所有全景抓拍、人脸抓拍、车牌抓拍、报警联动、智能分析、识读联动等事件的关联部位、时间、类型、关联对象等基本信息至智能集成数据服务设备，并提供智能安防集成应用系统服务；系统应与出入口控制系统、停车库（场）管理系统、入侵和紧急报警系统联动。

人脸抓拍智能分析系统摄像机，除满足当地技防要求，还应符合下列要求：

（1）摄像机的安装指向与监控目标的垂直夹角不大于20°，与监控目标形成的水平夹角不大于30°，与监控目标的倾斜角不大于45°。

（2）摄像机的安装高度在2.2~2.8m，监控目标的宽度不大于5m。

（3）满足人脸抓拍区域环境照度不低于100lx。

（4）应具备实现对人脸抓拍图片获取时间、位置、地理信息等数据的采集、标识、展示和存储的设置功能。

5.2.3 布点要求

除满足当地技防要求，还需重点关注各楼层的楼梯出入口、电梯厅或主要通道、功能转换层、避难层等处。

录像时间至少保存30d，若有反恐要求的话，至少保存90d。

其他要求如下：

（1）尾随全景抓拍：与外界相通出入口。

（2）进出人脸抓拍：与外界相通出入口。

（3）人脸抓拍：机动车停车库（场）、非机动车车库的人行出入口。

（4）消防报警联动：机动车停车库（场）、非机动车车库的充电区域。

（5）消防占道报警联动：宽度4m及以上消防通道。

（6）消防设施违堆智能分析：宽度4m及以上消防通道。

（7）人脸抓拍：人员安检处。

5.3 出入口控制系统

根据用户管理需求和安防要求，制定合理的出入口控制方案，明确控制管理模式。这是在正式进行系统设计之前需要做的，为用户量身定做，充分去向用户了解，然后通过科学的方法合理推导系统的设计方向和设计方法。

5.3.1 设计原则

（1）系统应对受控区域的位置、通行对象及通行时间等进行实时控制并设定多级程序控制。系统应有报警功能。

（2）系统的识别装置和执行机构应保证操作的有效性和可靠性，宜有防尾随措施。

（3）系统的信息处理装置应能对系统中的有关信息自动记录、打印、存储，并有防篡改和防销毁等措施，应有防止同类设备非法复制的密码系统，密码系统应能在授权的情况下修改。

（4）系统应能独立运行，应能与电子巡查系统、入侵报警系统、视频安防监控系统等联动。

（5）集成式安全防范系统的出入口控制系统应能与安全防范系统的安全管理系统联网，实现安全管理系统对出入口控制系统的自动化管理与控制；组合式安全防范系统的出入口控制系统应能与安全防范系统的安全管理系统联接，实现安全管理系统对出入口控制系统的联动管理与控制；分散式安全防范系统的出入口控制系统应能向管理部门提供决策所需的主要信息。

（6）系统除常规识读设备外，应包括人脸、指纹等生物识别的识读、比对、认证及控制设备，人脸、指纹等生物识别应具有活体监测功能，识别率应不小于85%，人脸识别距离应在300～800mm之间，识别平均响应时间应不大于1s。

5.3.2 布点要求

（1）人脸含指纹等生物识别、手机感应识别的识读、比对、认证及控制：单位（楼宇）与外界相通出入口；被认为需要管控的区域、目标、部位的出入口。

（2）人脸比对采集、来访人员身份人像数据采集：门卫登记处、访客登记处、需实名登记的场所。

（3）重要部门建议安装门禁。

（4）系统必须满足紧急逃生时人员疏散的相关要求。疏散出口的门均应设为向疏散方向开启。人员集中场所应采用平推外开门，配有门锁的出入口，在紧急逃生时，应不需要钥匙或其他工具，亦不需要专门的知识或费力便可从建筑物内开启。其他应急疏散门，可采用内推闩加声光报警模式。

5.4　电子巡更系统

5.4.1　设计原则

（1）应即时将系统运行状态、本地数据采集信息、前端设备信息及三维地理信息属性标注信息等推送至智能数据服务设备。

（2）系统应具有确定或证实在岗保安员数量，并应即时上传签到记录、保安员信息及上传终端信息。

（3）图片数据资料保存时间应不小于180d，其他资料保存时间应不小于360d。

（4）优先选择实时在线式系统。

5.4.2　布点要求

（1）配电房、锅炉房、电梯机房、空调机房、停车场（库）以及其他重要部位。

（2）各楼层出入口、功能转换层、避难层等重要部位。

5.5　楼宇对讲系统

5.5.1　系统概述

楼宇可视对讲系统是集微电子控制技术、智能卡技术、机电一体化技术、现场总线技术、局域网通信技术、数位式信号传输方式、视频图像传输等多种技术于一体的现代化智能出入口管理控制与可视对讲的综合系统。超高层项目楼宇对讲系统主要应用在高层住宅或酒店式公寓等业态。早期的高层住宅有上海陆家嘴的汤臣一品。中期周边陆续有中粮海景、江临天下等项目。近几年由于国家及政府层面对住宅的整体调控力度加大，尤其是对大面积的高档豪宅的高压政策下，新建的超高层住宅已较难在市场上见到，更多的是以酒店式公寓的形式面向各类高端客户。

5.5.2　系统组成及架构

楼宇对讲系统由门口机、室内分机、传输控制设备、管理主机等组成。

楼宇对讲系统按传输方式可分为总线型、网络型，网络型对讲系统分为全数字系统与半数字系统。基本架构如图5-4所示。

5.5.3　系统设计

楼宇对讲系统针对不同的住宅结构、小区分布和功能要求来选择，有些适宜于非封闭式管理的住宅，能够实现呼叫、对讲和开锁功能，并具有夜光指示的功能；还有适用于低层至高层的各种住宅结构；封闭式管理的小区则可选用带有安全报警功能的室内机，用户可根据各自需要安装门磁、红外探头、烟雾报警、煤气泄漏报警装置等。为兼顾不同用户的需要和经济条件，当单元编码主机采用彩色摄像头时，可视系统中彩色与黑白机分机兼容，用户可采用彩色机，也可选用黑白机，还可选用不带可视功能的对讲室内机。封闭式的小区可设置管理中心。管理中心机可储存报警记录，可随时查阅报警类型、时间和报警住户的楼栋号和房号，中心机可监控和呼叫整个小区与楼栋门口。楼宇对讲系统楼内部分、总平部分和管理中心部分如图5-5～图5-7所示。

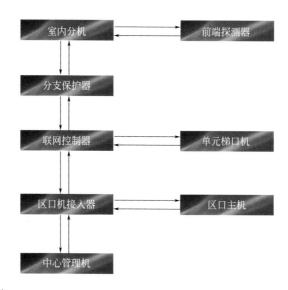

图5-4　楼宇对讲系统基本架构

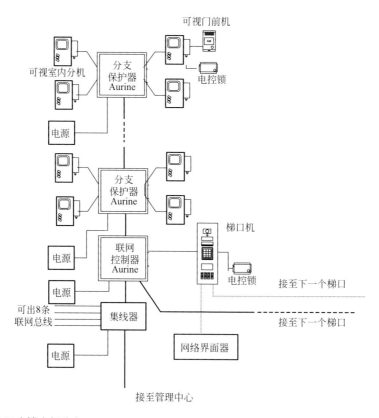

图5-5　楼宇对讲系统图（楼内部分）

5.5.4　系统功能

（1）系统应具有选呼、对讲、监视、电控开锁、求助报警、信息存储和管理等功能。

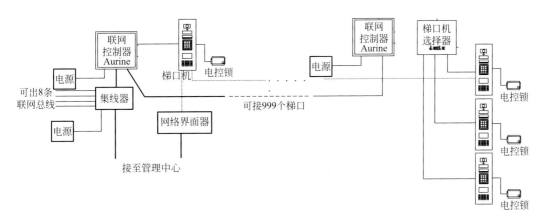

图 5-6 楼宇对讲系统图（总平部分）

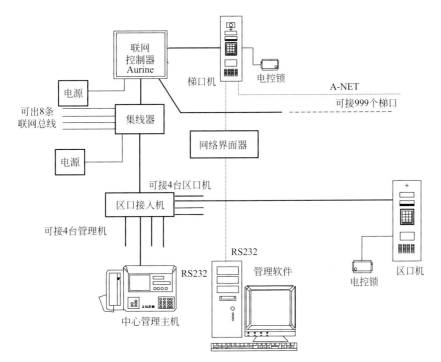

图 5-7 楼宇对讲系统图（管理中心部分）

（2）系统图像采集摄像机分辨率不宜低于720P，室内可视分机能够清晰分辨访客的面部特征。

（3）门口机应提供照明和可见提示，以便来访者在夜间操作。

（4）系统宜与电梯联动，实现室内分机呼梯、停层等功能。

（5）系统宜具有通过室内可视分机进行信息发布、信息查询等的功能。

（6）系统宜具有留影留言功能，住户可通过室内分机对访客图像声音进行回放。

（7）系统宜支持通过室内分机或移动电子设备对电控锁进行远程控制的功能。

（8）楼宇对讲室内分机宜具有智能家居管理的功能。

5.6　停车库管理系统

5.6.1　系统概述

车辆管理系统的功能是有效的管理停车位用量以及监控停车场进出车辆情况，提供车辆进出控制，进行收费，对整个停车场进行有序管理。停车库（场）出入口管理子系统组成架构如图5-8所示。

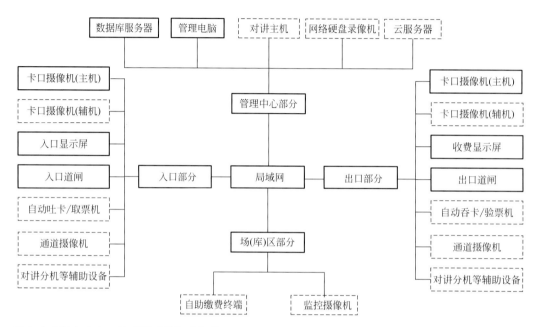

图5-8　停车库（场）出入口管理子系统组成架构图

系统对"固定月租车辆"使用 LPR 车牌识别白名单控制进出的形式。月租车辆车牌号在中央控制室进行系统备案，进入系统白名单。当月租车辆到达出入口设备前时，系统识别车牌，车牌号在白名单中，则自动开闸放行。

对"临时车辆"采用 LPR 车牌识别控制进出为主，取临时二维码纸票为辅的形式。且纸票可打印LOGO。当临时车辆到达入口设备时，车牌识别系统将入口车辆车牌号码辨识并上传系统中，若识别结果为无牌车，或者无法识别，则补发二维码纸票。只有客户取票后，栏杆机才会抬起。

停车库管理系统须为全自动控制。在未来运行中，要保留"出口无人值守"的条件，每个出口不设置操作员收费，顾客使用场内电梯厅自动缴费机、手机缴费等方式进行缴费，到达出口自动抬杆放行。若未缴费车辆或超时车辆，则在出口缴费机上补缴费用离场。

系统将机械、电子计算机和自动控制等技术有机结合起来，通过计算机管理，可实现自动储存进行记录、自动核费、自动维护等功能。

当电源故障时，于数据站/出纳员计算机内储存的资料须能保留一星期。

当发票机供票不足时，于数据站/出纳员计算机上须有指示显示。发票机的容量至少须为 2000 张。

栏杆机操作功能须于4s内完成一个操作周期。并应设计至少供 10 年之运行寿命。

车库管理系统道闸接受火灾自动报警与联动系统之联动信号，在联动信号后，强制关闭入口道闸，开启出口道闸，以便快速放行，并接受其反馈信号。

车库管理系统须能实现与市政停车显示信息系统之接口。

车库管理系统需要实现手机微信支付功能（需提供该功能实际使用年限超过两年以上的项目应用案例）。对非固定车位的月租用户，可设置在工作日下午 6 点前的停车按月租收费；其余时间及非工作日按临客收费。对固定车位的月租用户，按月租收费。须考虑各种付费方式的可能性，满足多种付费方式（如现金、自助缴费、网络支付等）。对于付费过期的月租客户，进出车库时，按临时访客处理。预留网上车位预定功能的接口，为日后增加远程预定车位功能提供条件。顾客在自动缴费机和手持机收费后，系统需机打发票，客人凭小票前往停车场办公室领取机打发票。车辆到达已缴费通道时，若是未缴费或缴费超时，系统不抬杆，在出口缴费机上会生成一个付款码，顾客可以通过手机扫码进行补缴费。也可以插入现金纸币支付停车费。

5.6.2　车位引导系统

1．超声波车位探测器

探测器是车位引导系统中的重要组成部分，它安装在每个车位的正上方，采用超声波测距的工作原理采集停车场的实时车位数据，控制车位指示灯的显示，同时把车位信息及时通过网络传送给节点控制器。

探测器由探测器主体和探测器卡座组成，探测器主体上的主要器件包含超声波探头、车位灯连接线、电源、网络连接线、探测距离设置跳线、通信指示灯、车位信息指示灯。

2．车位指示灯

安装在每个车位的前方，直接由超声波车位探测器控制，根据探测器的指令显示出不同的颜色。当车位上没有车辆停泊时指示灯显示为绿色，有车辆停泊时指示灯显示红色。

3．节点控制器

节点控制器是车位引导系统三层网络总线的中间层，对保证本系统的安全、可靠与高效有重要作用。节点控制器循环检测所接探测器的状态，并将有关信息传到中央控制器。

节点控制器用于连接中央控制器和车位探测器、LED 显示屏等，还解决长距离 485 通信不可靠的问题、网络节点数扩展问题、分组管理问题等。

4．中央控制器

中央控制器是整个系统的核心，主要用于负责整个智能车位引导系统的采集与控制，并通过对车位引导屏实时数据的更新，实现对车辆的引导功能。

5．室内车位引导屏

车场内部重要的岔道口建议安装车位引导显示屏，车位引导屏数量和显示文字内容根据客户需要来定制，引导屏由室内高亮度 LED 模块、驱动电路、控制电路、支架等部分组成。

它接收中央控制器的输出信息，用数字、箭头和文字等形式显示车位方位，引导司机快速找到系统分配的空车位。停车场中央控制器（CCU）通过网络可以实现每个路口的任意方向引导，从而将车流分配到停车场内最合适的位置，保证停车场的畅通和充分利用车位。

6．户外车位引导屏

安装在车场的每个入口，用于显示停车场内的车位信息。引导屏由高亮度户外 LED 模块、驱动电路、控制电路、支架等部分组成，根据停车场所划分的区域数量来设定总入口的 LED 小屏数量，分别显示各个区域的车位数信息。它接收中央控制器的车位统计信息，用数字和文字形式实时显示当前停车场空闲车位数量，提示准备入场的车辆司机，可24h全天候使用。内部程序应该可以根据用户要求随时修改，显示用户需要的其他信息。

5.6.3 车位引导系统软件

1. 车位引导功能

控制显示屏，引导车主以最短的时间快速进入空闲车位，提高停车场的使用率、优化停车环境，提高客户满意度。

2. 实时监控车位状态

系统可以实时显示车位占用情况，统计停车场车位的占用数、空余数，统计时间段内各类车辆的进、出场数等，方便管理人员对车场的监控及管理。

3. 统计功能

能统计停车场每天和每月的使用率、分时段使用率等，方便业主了解停车场的使用状况。

4. 停车时间检测功能

汽车停入车位后开始计时，车场管理人员可以在控制室随时了解车位的停车情况。

5. 权限控制功能

多级权限控制功能，方便对相关信息的控制和保密。

5.6.4 立体车库车位引导系统

立体车库车位引导系统是利用安装在车库入口及内部各个通道入口处的 LED 车位显示屏，显示当前方向的空车位数，来引导车主选择停车通道。车库内部各组停车位靠通道一侧配备有车位指示灯，用于显示改组车位的空闲状态。当一组停车位几乎停满后，车位指示灯会显示红色，如果该组停车位中还有 1 个以上的空闲车位，则指示灯会显示绿色。

1. 地贴式超声波车位探测器

地贴式超声波车位探测器是立体车库车位引导系统中的重要组成部分。它安装立体车库每个停车位的底盘上，采用超声波测距的工作原理采集停车场的实时车位数据，同时把车位信息及时通过无线射频传送给无线节点控制器。

2. 无线节点控制器

无线节点控制器有两种设备：探测器节点控制器和屏节点控制器。

3. 探测器节点控制器

接收探测器发出的车位状态信息，并将有关信息通过无线通信传到中央控制器；探测器和节点之间采用无线射频通信，通信距离约 30m（以节点为中心向四周覆盖）；节点与中央之间的通信距离约 200m，由发射功率和现场环境决定。

4. 屏节点控制器

接收中央控制器的指令，通过无线通信方式控制 LED 车位引导屏的显示，实现车辆的引导功能。

5. 无线中央控制器

无线中央控制器主要用于负责对整个停车场车位数据的统计处理、控制显示及数据传输，通过无线通信接收无线节点控制器传输过来的车位状态信息，将数据进行汇总及处理，并将引导屏更新指令通过无线方式发送给指定的无线节点控制器。

6. 室内车位引导屏

车场内部重要的岔道口建议安装车位引导显示屏，车位引导屏数量和显示文字内容根据客户需要来定制，引导屏由室内高亮度 LED 模块、驱动电路、控制电路、支架等部分组成。

它接收中央控制器的输出信息，用数字、箭头和文字等形式显示车位方位，引导司机快速找到系统分配的空车位。停车场中央控制器（CCU）通过网络可以实现每个路口的任意方向引导，从而将车流分配到停车场内最合适的位置，保证停车场的畅通和充分利用车位。

第6章　机房工程

　　超高层建筑项目往往体量大，或为单体建筑，或为几栋塔楼加裙楼组成的建筑群。同时，超高层建筑常常包含多种业态，常见的有办公（包含出售办公和出租办公）、商业（常见于超高层项目裙房部分）、大型停车库、酒店、公寓等。多种业态汇聚一起，物业管理模式的分界面划分是考虑重点，尤其是在设计之初，物业运营管理界面尚未最终确定的情况下，机房设计既要保持灵活性，又不要设置过多浪费面积。物业管理模式的区别主要影响的是机房数量和位置的设置。

　　根据建筑功能业态，物业管理就近分设机房，权属明确，机电系统独立简单，易实现独立计量，便于日后的运营管理，有利于营销，亦可分期开发，且对物业管理服务水平要求低。缺点是机房数量相对较多，初期投资的成本增加。但从开发、建设、销售方面，灵活性增加，满足大单销售的要求。

　　统一物业管理，机房合用，统筹考虑，可以节约机房面积，减少初期投资。缺点是由于建筑体量大、综合性强，机电系统相对较为复杂且要求高，管理人员对整个大楼的业态管理水平要求高，且应对各业态突发事件的响应会比较慢（因为体量大）。另外，各塔楼无法分期开发，必须整体开发，不利于营销。从开发、建设、销售方面来看，有较大的局限性。

　　结合当前超高层项目建设特点，从开发、建筑、销售、管理等方面综合考虑，采用按物业业态分设机房的方案更为合适。

6.1　机房及设备布置

　　机房工程是一个综合性的专业技术设施工程，设计应提供一个符合国家有关标准及规范的优质、标准、安全、可靠的运行环境，充分满足弱电系统设备长期稳定可靠的运行要求。

　　智能化系统机房的环境必须满足计算机等各种微机电子设备和工作人员对温度、湿度、洁净度、电磁场强度、噪声干扰、安全保安、防漏、电源质量、振动、防雷和接地等的要求。所以，机房应该是一个安全可靠、舒适实用、节能高效和具有可扩充性的机房。

　　智能化系统机房要体现出作为重要信息汇聚地的室内空间特点，在充分考虑布线系统、网络系统、空调系统、UPS系统等设备的安全性、先进性的前提下，达到美观、大方的风格，有现代感。

　　机房工程设计应满足：《民用建筑电气设计标准》GB 51348—2019、《数据中心设计规范》GB 50174—2017、《智能建筑设计标准》GB 50314—2015等规范要求，同时还应满足《智能建筑工程设计通则》T/CECA 20003—2019的要求。

6.2 环境条件和相关专业要求

6.2.1 概述

机房工程是一个综合性的专业技术设施工程，设计应提供一个符合国家有关标准及规范的优质、标准、安全、可靠的运行环境，充分满足智能化系统设备长期稳定可靠的运行要求。

智能化系统机房的环境必须满足计算机等各种微机电子设备和工作人员对温度、湿度、洁净度、电磁场强度、噪声干扰、安全保安、防漏、电源质量、振动、防雷和接地等的要求。所以，机房应该是一个安全可靠、舒适实用、节能高效和具有可扩充性的机房。

此外，机房要体现出作为重要信息汇聚地的室内空间特点，在充分考虑布线系统、网络系统、空调系统、UPS系统等设备的安全性、先进性的前提下，达到美观、大方的风格，有现代感。

6.2.2 机房设置

1）机房位置选择应符合下列规定：

（1）机房宜设在建筑物首层及以上各层，当有多层地下层时，也可设在地下一层。

（2）机房不应设置在厕所、浴室或其他潮湿、易积水场所的正下方或与其贴邻。

（3）机房应远离强振动源和强噪声源的场所，当不能避免时，应采取有效的隔振、消声和隔声措施。

（4）机房应远离强电磁场干扰场所，当不能避免时，应采取有效的电磁屏蔽措施。

机房的设置满足设备运行环境、安全性及管理、维护等要求。

2）安防监控中心设置应符合下列要求：

（1）安防监控中心宜设于建筑物的首层或有多层地下室的地下一层，其使用面积不宜小于20m^2。

（2）综合体建筑或建筑群安防监控中心应设于防护等级要求较高的综合体建筑或建筑群的中心位置；在安防监控中心不能及时处警的部位宜增设安防分控室。

（3）安防监控中心的设置尚应符合现行国家标准《安全防范工程技术标准》GB 50348的有关规定。

6.2.3 机房设计与布置

1）信息网络机房设计应符合下列规定：

（1）机房组成应根据设备以及工作运行特点要求确定，宜由主机房、管理用房、辅助设备用房等组成。

（2）机房的面积应根据设备布置和操作、维护等因素确定，并应留有发展余地。机房的使用面积宜符合下列规定：

主机房面积可按下列方法确定：

当系统设备已选型时，按下式计算：

$$A=K\Sigma S$$

式中：A——主机房使用面积（m^2）；

K——系数，取值5～7；

S——系统设备的投影面积（m^2）。

当系统设备未选型时，按下式计算：

$$A=KN$$

式中：K——单台设备占用面积（m^2/台），可取$4.5\sim5.5m^2$/台；

N——机房内所有设备的总台数（台）。

管理用房及辅助设备用房的面积不宜小于主机房面积的1.5倍。

2）合用机房设计应符合下列规定：

（1）合用机房使用面积可按下式计算：

$$A=K\Sigma S$$

式中：A——机房使用面积（m^2）；

K——需要系数，需分类管理的子系统数量n：$n\leqslant3$时，K取1；n为$4\sim6$时，K取0.8；$n\geqslant7$时，K取$0.6\sim0.7$；

S——每个需要分类管理的智能化子系统占用的合用机房面积（m^2/个）。

（2）机房的长宽比不宜大于4∶3。设有大屏幕显示屏的机房，面对显示屏的机房进深不宜小于5m。

3）机房设备布置符合下列规定：

（1）机房设备应根据系统配置及管理需要分区布置，当几个系统合用机房时，应按功能分区布置。

（2）设备机柜的间距和通道应符合下列要求：设备机柜正面相对排列时，其净距离不宜小于1.2m；背后开门的设备机柜，背面离墙边净距离不应小于0.8m；设备机柜侧面距墙不应小于0.5m，侧面离其他设备机柜净距不应小于0.8m，当侧面需要维修测试时，则距墙不应小于1.2m；并排布置的设备总长度大于6m时，两侧均应设置通道；通道净宽不应小于1.2m。

6.2.4　机房供电、接地及防静电

1）机房供电应符合下列规定：

（1）信息网络机房、用户电话交换机房、消防控制室、安防监控中心、智能化总控室、公共广播机房、有线电视前端机房和建筑设备管理系统机房等宜设置专用配电箱。

（2）当消防控制室与安防监控中心合用机房，且火灾自动报警系统与安全技术防范系统有联动时，供电电源可合用配电箱。

（3）各机房宜采用不间断电源供电，其蓄电池组连续供电时间应符合表6-1的规定。

各机房不间断电源（UPS）装置或直流屏连续供电时间　　　　　　　　　　　　　　　　表6-1

机房名称	供电时间	供电范围	备注
安防监控中心	≥0.25h	安全技术防范系统主控设备	建筑内有发电机组时
	≥3h	安全技术防范系统主控设备	建筑内无发电机组时
用户电话交换机房	≥0.25h	电话交换机、话务台	建筑内有发电机组时
	8h		建筑内无发电机组时
信息网络机房	≥0.25h	交换机、服务器、路由器、防火墙等网络设备	建筑内有发电机组时
	≥2h		建筑内无发电机组时

机房名称	供电时间	供电范围	备注
消防控制室	≥3h	火灾自动报警及联动控制系统	系统自带

注：1. 蓄电池组容量不应小于系统设备额定功率的1.5倍；
　　2. 用户电话交换机房由发电机组供电时应按8h备油；
　　3. 避难层（间）设置的视频监控摄像机和安防监控中心的主控设备无柴油发电机供电时应按3h备电。

（4）机房内应设置检修插座，该插座宜由机房配电箱单独回路配电。

（5）当弱电间内用电设备较多时，宜设置电源配电箱并留有备用回路；用电设备较少时可设两个AC220V、10A的单相三孔电源插座。

（6）机房内各智能化设备外露可导电部分应做等电位联结。

2）机房接地符合下列规定：

（1）机房的功能接地、保护接地（包括等电位联结、防静电接地和防雷接地）等宜与建筑物供配电系统共用接地装置，接地电阻值按系统中最小值确定。

（2）机房内应设置等电位联结端子箱，该箱的接地导体与机房地板钢筋单点接地，并采用铜导体与建筑物总接地端子箱以最短距离连接。

（3）当建筑内设有多个机房时，各机房接地端子箱引出的接地干线应在弱电间（弱电竖井）处与竖向接地干线汇接。

3）机房防静电设计符合下列规定：

（1）机房地面及工作面的静电泄漏电阻和单元活动地板的系统电阻应符合现行行业标准《防静电活动地板通用规范》SJ/T 10796的规定。

（2）机房内绝缘体的静电电位不应大于1kV。

（3）机房不用活动地板时，可铺设导静电地面；导静电地面可采用导电胶与建筑地面粘牢，导静电地面电阻率均应为$1.0\times10^{7}\sim1.0\times10^{10}\Omega\cdot cm$，其导电性能应长期稳定且不易起尘。

（4）机房内采用的防静电活动地板的基材可由钢、铝或其他有足够机械强度的难燃材料制成。

6.2.5　消防与安全

机房的耐火等级不应低于二级。

机房出口应设置向疏散方向开启且能自动关闭的门，并应保证在任何情况下都能从机房内打开。

设在首层的机房的外门、外窗应采取安全措施。

6.3　案例分析

某项目是由商业、办公、酒店和会所组成的建筑综合体，包括两栋超高层塔楼和高层商业裙房，总建筑面积为320730.59m²。其中，A塔楼地上64层，B塔楼地上34层，商业裙房地上6层，地上建筑面积220687.45m²，其中计容面积为219919.20m²；地下7层，地下室建筑面积100043.14m²。

地块面积17048m²。地块东西长约132m，南北宽约130m，呈近似正方形形状。地块为坡地，场地内最高高程为258.78m，最低高程点为250.920m，最大高程差7.86m。

6.3.1 机房设置

机房设置情况如表6-2所示。

机房设置情况			表 6-2
建筑功能	机房名称	机房面积（m²）	所在楼层位置
商业、塔楼	消防安保监控中心	81	1F
	通信网络机房	114	B1F
	消防安保分控室	53	1F
酒店	通信网络机房	40	60F
	消防安保监控中心	81	1F

6.3.2 装饰工程

机房工程的装饰设计思想应具有现代感和前瞻性，视觉效果要简洁、明快、大方，在新材料、新技术和高科技的选择和运用上要合理，要体现"高效现代化的运营环境及和谐的人文环境"的理念。

机房装饰工程应全面考虑防尘、防振、屏蔽、防静电、空调送回风、防漏水设施、隔热、保温、防火等因素。装潢基本格调为淡雅，整体色调趋于平静，不宜过分活泼，在材料的选用方面，应充分考虑环保因素。

6.3.3 墙面

（1）各消防安保监控中心、各弱电间墙面刷乳胶漆。
（2）各网络通信机房采用彩钢板。
（3）不锈钢踢脚线。

6.3.4 天花

顶棚采用微孔铝扣吊顶。

6.3.5 地面

（1）楼板面刷防静电环氧树脂地坪漆，防火、防潮。
（2）硫酸钙防静电架空地板，安保监控中心高度25cm，通信网络机房30cm。

6.3.6 其他

机房四周的围护墙面要求材料表面坚固、整洁、不反光、色彩柔和、易清洁。墙面有等电位连接措施，开关、插座、探头等部件的安装方便。

地板结构要求具有可靠的静电释放系统设计。机房内的重型设备运输通道要考虑地板支撑系统对承重的特殊要求。要求配置一定比例的有可控格栅风口和电缆引出口的板型。防静电地板物理性能指标要求如下：

（1）地板尺寸：600mm×600mm。
（2）地板厚度：35～38mm。

（3）体积电阻应为$2.5 \times 10^{4} \sim 1.0 \times 10^{9} \Omega$。

（4）地板承重能力：不小于$700kg/m^{2}$。

（5）耐压挠度：小于2mm（承载3000N时）。

（6）高度在35cm以上。

6.3.7 电气工程

根据系统设备配置要求，UPS采用模块化设计，UPS容量均不包括照明、空调供电。

1）UPS系统的主要技术指标如下：

（1）输入电压：三相，380V。

（2）输入电压范围：-42%～+25%，输入频率45～65Hz。

（3）输入功率因数：≥99%。

（4）谐波失真：≤3%（非线性负载），≤1%（线性负载）。

（5）三相不平衡负载能力：100%。

（6）整流器指标：整流器应采用IGBT整流，电压精度：±1%，输入功率因数PF＞0.99。

（7）逆变器指标：逆变器应采用IGBT逆变，电压稳态精度：±1%。

（8）输出电流峰值系数≥3∶1。

（9）要求UPS主机输出功率因数≥0.9。

（10）满载时整机效率≥93.5%。

（11）并机能力：具有多台$N+1$直接并联工作及负载均分性能。

（12）瞬变响应恢复时间：从输出电压发生阶跃变化起到恢复到稳压精度范围内时止所需要的时间＜20ms。

（13）市电电池切换时间应为0。

（14）UPS装置自身应具备假负载测试功能，以保障系统在运行前可有效检测前端配电、线路及UPS自身带载能力。

（15）电池组智能管理功能应该具备三段式对蓄电池进行定期自动充放电功能，确保电池活性，并延长电池使用寿命30%及以上。

2）后备蓄电池组的主要技术指标如下：

（1）采用与UPS主机同品牌配套原装电池。

（2）UPS系统后备时间要求为满载后1h以上。

（3）为方便蓄电池的正常维护管理，以及每一组电池的保护，蓄电池出口处需要配置相应的保护开关。

（4）每个蓄电池应以规定容量良好的运行，在正常的充放电情况下极板不变形。

（5）出厂蓄电池应该是满充电。在正常运行期间，蓄电池由整流器连续浮充。

（6）在蓄电池免费保修结束以前任何时候，每个蓄电池应具有相同的特性。

（7）蓄电池必须是正常使用时保持气密状态，当内部气压超过预定值时，安全阀自动开启。当内部气压降低后安全阀自动闭合，使蓄电池密闭，同时防止外部空气进入电池内部。

（8）蓄电池组当流过一安培的放电电流时，两个蓄电池之间的连接压降应小于0.01V。

（9）为便于蓄电池组端头出线的引接，应配备连接电力电缆的连接端子。

（10）蓄电池柜：为保证机房整体的美观性，UPS蓄电池柜必须与UPS主机颜色一致。电池设计寿命10年及以上。

6.3.8　动力配电

在各机房配置UPS输入输出配电柜，应从就近强电间配置机房供电总线至该机房配电柜总开关。

6.3.9　照明系统

智能化机房工作位置排列与工作人员的方位要求同灯具排列联系尽量避免直接反射光，避免灯光从作业面至眼睛的直接反射，损坏对比度，降低能见度。对此机房宜用带隔栅的荧光灯，可选用三管的或二管的，灯具的镜面为哑光。机房照明电源和墙壁辅助电源来自市电输入输出配电柜。

设置应急疏散指示灯，选用的灯具应采用高品质、节能型、高显色性光源，并配以高质量的电子镇流器，功率因数大于0.9。主要指标如下：

（1）机房区域500lx。

（2）附属用房300lx。

（3）应急照明50lx。

（4）疏散照明5lx。

照明设计应考虑节能的需要，每个机房的照明回路可以划分多个分区，根据需要开部分或者全部开启。灯具布置应符合无眩光、照度均匀度不小于0.7的技术要求。

6.3.10　防雷接地

1. 防雷

对于建筑物内电子信息系统用于电源线路的浪涌保护器宜采用三级防护，逐级分流降低残压。其标称放电电流参数值宜分别取大于100kA、50kA和25kA。

2. 接地

应设置共用接地系统：UPS输出端中性点工作接地、防雷接地、电气设备保护接地、防静电接地、等电位接地、弱电设备接地等均采用大楼共用接地体。

机房内12×0.5铜编织带组成900×900接地网格，机房内所有金属地板、金属吊顶板和金属墙面板及其他金属构件等均用6mm²铜导线与铜网可靠连接。

所有市电插座回路专放接地线，且均设剩余电流保护开关。

凡安装高度低于2.4m的灯具外壳均须与接地线可靠连接。

120mm²屏蔽绝缘铜缆至机房内直流接地体。

接地电阻小于1Ω。

6.3.11　其他

（1）低压配电柜内器件的电气性能应符合相关标准及规范的技术标准。配电柜可选用全进口产品，或关键器件为进口、机柜为国产的优质产品。

（2）供配电系统内部设备、线缆、开关、断路器等元器件的各种故障、误动作等均有可靠的保护控制方案，在故障时限内，有必要的容错和故障恢复措施，在设备故障出现前，要求机房环境监控系统有预警提示。保证计算机系统全年每天24h连续稳定不间断的工作。

（3）所有线缆均应采用低烟无卤阻燃线缆。

6.3.12　空调

在各个消防安保分控室配置1台工业空调，容量为3kW。

B1F通信网络机房（办公、商业）配置2台精密空调，每台容量为15kW。

60F通信网络机房（酒店）配置1台精密空调，容量为15kW。

精密空调的主要技术指标如下：

（1）制冷量（温度24℃，湿度50%RH）：≥15kW；显热比≥0.9；风量≥3700m³/h；冷却方式：风冷，送风方式：上送风、下回风。

（2）噪声＜58db（机组正面1.5m处测得，吸声室内）。

（3）采用柔性涡旋式压缩机，COP≥3.5。

（4）加热器：电子加热，加热量6kW。

（5）加湿器：电极式蒸汽加湿器，加湿量≥3kg/h。

（6）风机：风机采用直驱，减少能量损失、避免皮带粉尘污染，节约维护成本。

（7）设备应能全年7×24h运行，并具有来电自启动功能。

全中文LCD背光显示屏，易操作的人性化界面，可使用户轻松读取机组的功能目录，记录主要部件的运行时间，即使停电也不会丢失储存的运行参数和示警记录。

配置标准的RS485监控接口，提供标准的通信协议，灵活方便的主备机切换功能，可实现机组轮流值班；方便的远程程控为正确判断设备运行状态提供可靠的保障。主从机形式的内部联网系统允许多台主从模块组合在不需要其他附加硬件协助下，通过一根电缆线相连接而成为区域网络。

全正面维护，侧面与后面均可靠墙放置，不需要预留维护空间。

6.3.13　机房布置图

机房布置如图6-1所示。

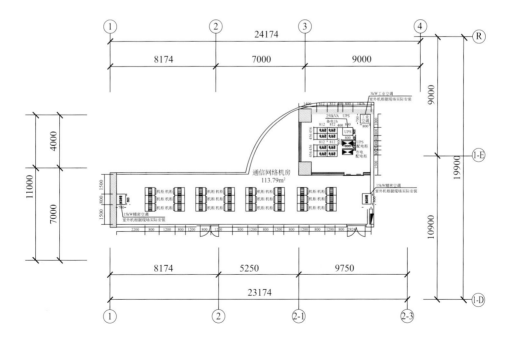

B1层通信网络机房设备布置图1:100

(a)

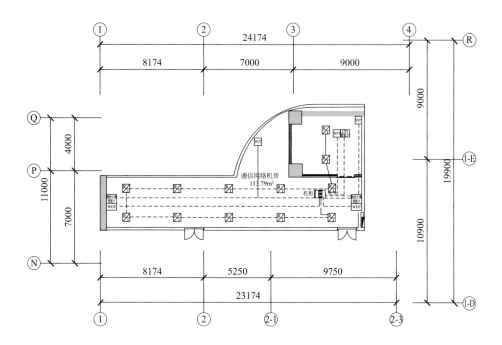

B1层通信网络机房环境监控平面图1:100

(b)

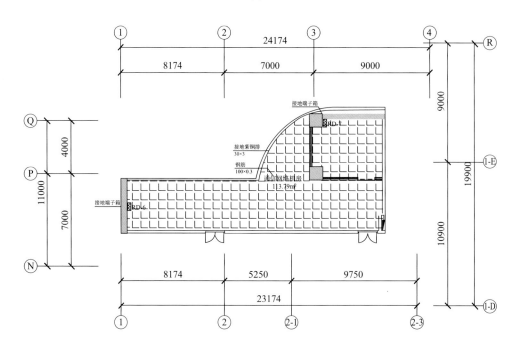

B1层通信网络机房防雷接地平面图1:100

备注：
1.机房接地采用专用接地网，接地端子箱处理阻小于1Ω，引入机房的接地线采用ZR-BVR-50多股铜缆。
2.机房内采取局部等电位措施，在机房内地板下设30×3等电位接地干线铜排。
3.等电位联结带就近与局部等电位联结箱、各类金属管道、金属线槽、建筑物金属结构进行连接。
4.机柜采用两极不同长度6mm²铜导线与等电位带连接。
5.施工时参照《建筑物电子信息系统防雷》GB 50343—2012和《建筑电气工程施工质量验收规范》GB 50303—2015。

(c)

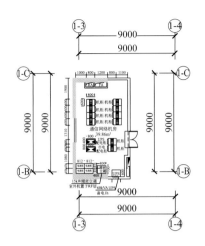

A塔楼60层通信网络机房(酒店)设备布置图1:100

(d)

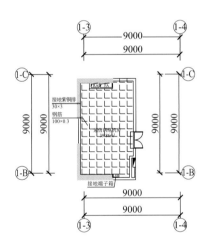

A塔楼60层通信网络机房(酒店)防雷接地平面图1:100

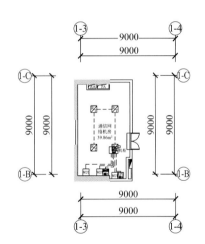

A塔楼60层通信网络机房(酒店)环境监控平面图1:100

备注:
1.机房接地采用专用接地网,接地端子箱处理阻小于1Ω,引入机房的接地线采用ZR-BVR-50多股铜缆。
2.机房内采取局部等电位措施,在机房内地板下设30×3等电位接地干线铜排。
3.等电位联结带就近与局部等电位联结箱、各类金属管道、金属线槽、建筑物金属结构进行连接。
4.机柜采用两极不同长度6mm²铜导线与等电位带连接。
5.施工时参照《建筑物电子信息系统防雷》GB 50343—2012和《建筑电气工程施工质量验收规范》GB 50303—2015。

图例

温湿度传感器	水浸传感器	精密空调智能卡
转换器	UPS智能卡	

(e)

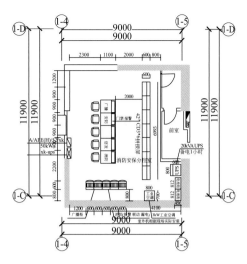

A塔楼52层消防安保控制室(酒店)设备布置图1:100

(f)

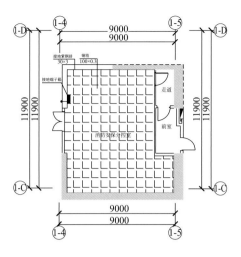

A塔楼52层消防安保控制室(酒店)防雷接地平面图1:100

(g)

备注:
1.机房接地采用专用接地网,接地端子箱处理阻小于1Ω,引入机房的接地线采用ZR-BVR-50多股铜缆。
2.机房内采取局部等电位措施,在机房内地板下设30×3等电位接地干线铜排。
3.等电位联结带就近与局部等电位联结箱、各类金属管道、金属线槽、建筑物金属结构进行连接。
4.机柜采用两极不同长度6mm²铜导线与等电位带连接。
5.施工时参照《建筑物电子信息系统防雷》GB 50343—2012和《建筑电气工程施工质量验收规范》GB 50303—2015。

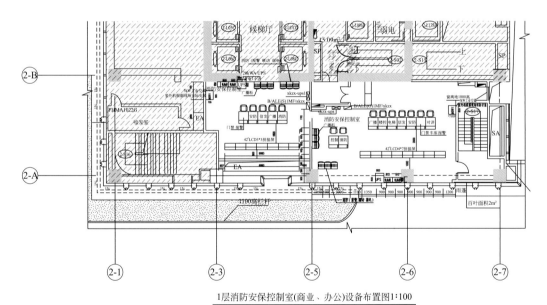

1层消防安保控制室(商业、办公)设备布置图1:100

(h)

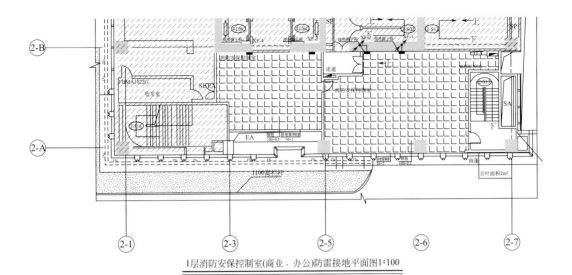

1层消防安保控制室(商业、办公)防雷接地平面图1:100

备注：
1.机房接地采用专用接地网，接地端子箱处理阻小于1Ω，引入机房的接地线采用ZR-BVR-50多股铜缆。
2.机房内采取局部等电位措施，在机房内地板下设30×3等电位接地干线铜排。
3.等电位联结带就近与局部等电位联结箱、各类金属管道、金属线槽、建筑物金属结构进行连接。
4.机柜采用两极不同长度6mm²铜导线与等电位带连接。
5.施工时参照《建筑物电子信息系统防雷》GB 50343—2012和《建筑电气工程施工质量验收规范》GB 50303—2015。

(i)

图 6-1　机房布置图

第7章　超高层智能化综合管线

超高层建筑中各类智能化系统繁多，相应的各系统管线种类多、路由距离长，尤其是竖向通路上跨度大，因而超高层智能化综合管线尤为重要。所谓综合管线，指的是支撑系统中用于连接各种设备及终端，预先构建完成的所有管道与线缆的总和。其中包括：垂直槽盒、水平槽盒和室外管沟等。综合管线系统是智能化系统的基础设施，是各子系统正常运转的基础链路和共用通道。

7.1　综合管线要求

7.1.1　设计原则

智能化系统工程中的垂直槽盒、水平槽盒和配管宜采用金属材料。这是出于屏蔽电磁干扰的考虑，避免传输信号受到侵扰。

综合管线设计应采用集约化的设计原则，各子系统的路由应统一规划、分类设置槽盒，并应留有今后发展的余量。

综合管线系统的设计除应符合本标准的规定外，尚应符合现行国家标准《智能建筑工程施工规范》GB 50606、现行行业标准《钢制电缆桥架工程技术规程》T/CECS 31的有关规定。

7.1.2　综合管线系统设计

弱电间内垂直敷设线缆的金属槽盒宜按照各系统分别设置。平面中水平敷设线缆的金属槽盒宜根据系统线缆性质合并设置。考虑到建筑平面吊顶中管槽较多，有送风排风管、水管、强电槽盒等，而且智能化设计中本身系统较多，不可能每个系统设置独立的槽盒，因此需要采用集约化原则将同种性质线缆合并设置在各槽盒中，从而减少水平槽盒的数量。水平槽盒宜分为通信槽盒、安防槽盒、广播槽盒、消防槽盒、无线通信槽盒等。

槽盒的选择应考虑强度、防腐和节能。槽盒宜采用模压增强底（彩钢）电缆槽盒（无孔托盘）或热浸锌防腐层槽盒。采用模压增强底（彩钢）电缆槽盒（无孔托盘）镀锌层厚度应不小于26μm。采用热浸锌反腐层槽盒时，槽盒镀锌层厚度≥65μm（460g/m²）。垂直电缆槽盒内应设有扎线架。

综合管线系统设计中宜预留移动通信室内信号覆盖系统主干线缆路由和空间。

线缆敷设应根据线缆的实际数量确定槽盒的尺寸，其布放线缆的总截面利用率宜不大于40%。

在吊顶内弱电槽盒宜设置在强电槽盒的下面，与电力电缆平行敷设时间距应不宜小于0.13m，槽底宜为吊顶上0.1m。

当电缆槽盒并排布置横向深度不大于1.2m时，可单侧预留不小于400mm的安装空间。当电缆槽盒并排布置横向深度大于1.2m时，应在两侧预留不小于400mm的安装空间。

室内高大空间等不宜在吊顶内设置电缆槽盒的场所，可采用防水型地面线槽和地面出线盒的形式进行管线敷设。

电缆槽盒经过建筑物的变形缝（包括沉降缝、伸缩缝、抗震缝等）处应设置补偿装置，保护地线和槽盒内的线缆应留补偿余量。

电缆槽盒穿越建筑防火分区时，应进行防火封堵。

穿过地下室人防区域的临空墙、防护密闭隔墙和密闭隔墙的各种管线和预留备用管，应进行防护密闭或密闭处理，应选用管壁厚度不小于2.5mm的热镀锌钢管。

抗震设计烈度为6级及以上的地区，当电缆槽盒重量大于等于150N/m时应采用抗震支架。

超大型、大型工程应单独绘制弱电槽盒平面布置图，标明具体槽盒尺寸、安装高度等。

建筑红线内室外埋地敷设的通信管线、安防管线、广播管线及其他智能化管线应采用分管敷设的方式，宜采用多孔高强度格栅管或梅花管，管顶至地面的埋深不应低于表7-1地面至管顶的最小深度表。

地面至管顶的最小深度表			表7-1
管材规格 ＼ 管道位置	绿化带（m）	人行道（m）	车行道（m）
混凝土管、塑料管	0.5	0.7	0.8
钢管	0.3	0.5	0.6

注：1. 当达不到要求时，应采用混凝土包封或钢管保护；
　　2. 寒冷地区的室外管线应敷设在冻土层的下方。

室外综合管线通过人井或手孔连接，人井或手孔采用共建共享的方式。红线外的人（手）井、管孔由电信业务经营者负责设计和实施，红线内的人（手）井、管孔由设计单位负责设计、建设单位负责实施。

7.2 防火封堵

统计表明，超高层建筑中各类电缆起火或被外部火源引燃继而蔓延成灾的火灾占各类电气火灾的40%。弱电井内分布有通信、安防、广播、电视等智能化各系统电缆，其外包覆绝缘材料一般采用塑料、橡胶等可燃材料制成，即使是阻燃电线电缆与耐火电缆，也都存在着一定的火灾危险性。此外，即便是低烟无卤电缆，起火后也仍会产生一定量的高温有毒烟气，在垂直竖井内烟气的扩散速度可达3~4m/s，在较短的时间内即可发展为猛烈的立体火灾。

建筑孔洞防火封堵是为了防止火灾蔓延扩大灾情，保证消防安全的重要环节。防火封堵用于封堵各种贯穿物，如电缆等穿过墙壁、楼板时形成的各种开口以及线槽内部空隙，以避免火势通过这些开口及缝隙蔓延。在对建筑电缆孔洞进行封堵的时候，采用的材料包括阻火包、无机防火堵料和有机防火堵料、发泡砖、防火包带、阻火模块等。

20世纪80年代中期，北美洛杉矶米高梅大酒店（MGMGRANDHOTEL）火灾中85人死亡，大火从1F烧起，68人窒息死于23F。原因是有毒的烟气通过幕墙接缝、电缆贯穿口和各种管道向上蔓延。防火封堵的意义在于当火灾发生后，有效限制火势和火灾中产生的有毒烟气的蔓延，从而保护起火源以外区域的人员和设备的安全。

下列情况下的电气管线槽，应采取防火封堵措施，如图7-1所示。

（1）穿越不同的防火分区处。

（2）沿竖井垂直敷设穿越楼板处。

（3）穿越耐火极限不小于1h的隔墙处。

（4）穿越建筑物的外墙处。

（5）电缆敷设至建筑物入口处，或至机房、弱电间的沟道入口处。

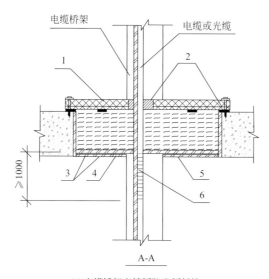

(a) 电缆桥架穿楼板防火板封堵

1—耐火隔板；2—防火堵料(防火泥)；3—支架；4—矿棉或玻璃纤维；5—耐火板或钢板；6—防火涂料

(b) 桥架外防火效果

(c) 桥架内部防火效果

图7-1 防火封堵

智能化线槽在穿越楼板或者防火墙处均需要采用不燃材料或者防火封堵材料进行封堵，封堵材料的耐火极限不应低于智能化线槽所穿过的隔墙、楼板等防火分隔体的耐火极限；防火封堵处应采用角钢或槽钢托架进行加固，并应能承载检修人员的荷载；角钢或槽钢托架应采用防火涂料处理。

相关防火封堵措施需满足《建筑防火封堵应用技术标准》GB/T 51410-2020的第5.3.1～5.3.6条要求。

7.3 案例分析

项目是由商业、办公、公寓式酒店和会所组成的建筑综合体，包括两栋超高层塔楼和高层商业裙房，总建筑面积为320728m²。其中，A塔楼地上64层，B塔楼地上34层，商业裙房地上6层，地上建筑面积220686m²，其中计容面积为219918m²；地下7层，地下室建筑面积100042m²。

项目智能化综合管线工程中的主要部分是桥架工程，采用了彩钢桥架系统。最早在1981年的时候，德国OBO的彩钢桥架第一次进入中国金山石化厂，至今保持的完好，可见其卓越的使用寿命，但是由于其造价高昂，工艺复杂，国内普遍还是采用热浸镀锌桥架（锌层厚度大于等于65μm），其工艺简单，相对当时的彩钢价格便宜。为了顺应时代的潮流，我国业内进行了深入调研，结合国内外桥架安装案例，在既要保证产品的强度，也要保证产品的使用寿命，还要比热浸镀锌桥架价格低的情况下，研发了新一代节能复合高耐腐（彩钢）桥架。彩钢板是镀锌钢板，进行表面化学处理后2次辊涂，再2次烘烤固化而制成的产品，同时也是在连续生产线上成卷生产，故也称之为彩涂钢板卷。彩钢板既具有钢铁材料机械强度高，易成型的性能，又兼有涂层材料良好的装饰性和耐腐蚀性。彩钢板是当今世界推崇的新兴材料。

智能化各系统桥架采用彩钢板桥架系统（图7-2），路由上规整扎实、经纬分明，除此之外的另一优点是，通过较为丰富的色彩，可以直观进行智能化各系统线缆的分类。项目桥架颜色与系统缆线对应关系如表7-2所示。

桥架颜色与智能化线缆对应表	表7-2
桥架颜色	线缆分类
绿色	电信无线
红色	火灾报警
蓝色	综合安保
黄色	网络通信
紫色	广播
白灰	强电

图7-2 PE复合高耐腐桥架（彩钢）

第8章　智慧技术的发展和展望

8.1　从"智能"到"智慧"

超高层建筑作为城市标志性建筑，其对楼宇智能化的需求旺盛，也是在新技术推动下最先实践智慧化的建筑类型。伴随着技术的推陈出新，建筑智能化从自动化及通信技术在建筑中的应用开始，已有几十年的历史，如图8-1所示。

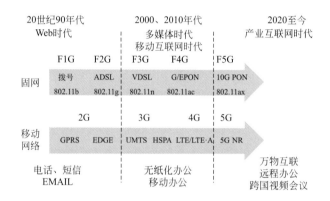

图 8-1　智能技术的发展

回顾技术发展对建筑智能化的推动，几乎每十年便会由技术发展推动一次智能建筑的大跨越。智能建筑大体经历了如下几个阶段（图8-2）：

（1）1980年代，以自动化及通信技术在建筑中规模化应用为代表的智能建筑1.0版本。

（2）1990年代，以网络技术在建筑中规模化应用为代表的智能建筑2.0版本。

（3）2000年代，信息化及大数据技术推动智能建筑跨入3.0时代。

（4）2010年代，云计算及人工智能算法加持智能建筑走向4.0版本。

（5）2020年及以后，5G、Wi-Fi6、万物互联、大数据、云计算技术、人工智能技术等应用越发成

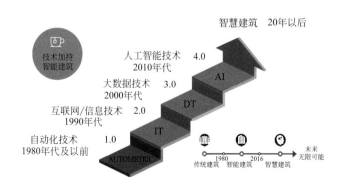

图 8-2　智能建筑发展阶段

熟，AI+的趋势已经形成，量变积累成质变。智能建筑5.0将华丽蜕变为智慧建筑1.0。

8.2　超高层智能化设计的痛点

智能化系统分为信息化应用、智能化集成、信息设施、建筑设备管理、公共安全、机房工程六大类系统，每个系统大类含有众多子系统，而且随着技术的发展，子系统的数量还在不断增加，大部分系统的结构都分为三个核心部分，即"现场层-传输层-管控层"。

各层在工程中的现状：

（1）现场层。从一般智能化系统结构来看，现场层末端设备包括接口、感知类设备和执行类设备，末端设备的选用完全由不同的功能需求决定，将同类功能合并的技术措施在各种规范标准中作为官方推介，故而已经深入人心，被普遍采用，例如消防广播与公共广播合用、利用读卡器实现巡更、一卡通、利用视频监控实现人数统计等，因此现场层的集约化建设已经卓有成效，具有良好的社会效益。

（2）传输层。随着大部分智能化子系统的IP化发展，由综合布线及有线、无线网络构成可以涵盖大部分系统传输要求的传输网络，传输层的统一化趋势已经成为事实，并处在持续发展中；进入2020年代，5G和Wi-Fi6的超低时延、超高速率、超大接入量技术优势必将进一步整合、优化统一传输网络，可见传输层的集约化建设情况比现场层还要好。

（3）管控层。现状是，对于大多数智能建筑子系统来说，各子系统均拥有一套完整体系，互相隔离。这种隔离主要体现在主控设备、数据库、系统管理软件等的信息互通困难，甚至数据隔离。即便是后期对子系统作集成，却往往形式大于内容。

综上所述，智能建筑的痛点主要集中在管控层。具体来说就是管理软件的壁垒、存储和算力的浪费（重复建设）、信息孤岛化（数据库设施重复建设且不互通）。

其实，这种"自下而上"的建设理念在我国智能建筑萌芽和发展的初期发挥了巨大的推动作用，本着"需求一项建设一项"的原则，将有限的建设资金用到恰到好处，在有余力的情况下再进一步进行已有系统的集成，集成程度按需、按资金投入选择。所以，在相当长一段时间（20年作用），"先系统、后集成"的设计理念发挥了积极的指导作用。

但是，随着技术的进步、人民生活水平的提高、建设成本的降低和开发资金的充沛，"精细化开发"需求日益强烈，传统的设计理念是否还能应对？

下面来看个案例：在超高层建筑中通常会有一个规模不小的商业业态，运营经常会想弄清楚一个商业广场的销售额-客流-能耗之间的关系，使其形成实时曲线和报表，随时可以查看当前的关系，以便灵活地优化管理策略。最理想的状态是打通POS系统、客流统计系统、能耗管理系统之间的数据库，但现实是，可能到竣工时才发现这三者的数据是无法共享的，更谈不上实时互通，这个时候就只能"打补丁"——专门针对这三个系统的数据互通定制一套管理软件，否则就无法实现实时联动，甚至只能靠手动"共享"数据，与当今时代动辄"AI+"的技术潮流格格不入，但我们知道，将已经建成的三套不相关的系统进行整合性的二次开发有多难。

类似的案例不胜枚举。技术发展到今天，各种智能化系统不断积累着大量的数据，却因为"信息壁垒"而形成一个个数据孤岛，致使数据荒废，或难以充分发挥作用，更谈不上多种数据协同作战发挥出的乘法效应。这归根结底是没有落实"系统集成"的初衷，把集成当作与子系统并列的可选项，久而久之"先系统后集成"成为普遍现象，不可避免地造成了联动僵化、集成低效甚至集而不成的尴尬局面。

所以，在大数据、云计算、AI、5G、F5G及Wi-Fi6等技术迅速落地的今天，在全社会全面朝"AI+""智慧化"迈进的当下，我们亟需改变思路，破解困局！而在智慧建筑的建设链条上，设计首当其冲，责任重大，充分理解《智慧建筑设计标准》T/ASC 19-2021的指导思想，在超高层标志性建筑中采用"自上而下"的智慧建筑设计理念，使其真正具备"标志性"，也更加"智慧"。

8.3 超高层"智慧化"的技术展望

8.3.1 自上而下的设计理念

通过长期的项目实践和思考分析，我们认识到，只有拥抱新技术、充分发挥新技术在超高层建筑中的潜力、更新设计理念、回归"系统集成"的初衷，才能探寻"智慧超高层"新的设计原动力。

具体来说，设计应以需求为导向，"自上而下"地开展规划设计，建设单位也应秉承在设计框架下，先落实顶层管控层，再逐步实现子系统的实施理念。只有这样才能化解数据壁垒、消灭信息孤岛，避免重复建设，让云计算、大数据、AI等先进技术优势在建筑中得以充分发挥，让超高层建筑作为地标建筑，能够成为真正的"智慧建筑"。

8.3.2 智慧建筑建设要素

根据《智慧建筑设计标准》T/ASC 19-2021，智慧建筑〔Artificial Intelligence Building，AIB〕是以构建便捷、舒适、安全、绿色、健康、高效的建筑为目标，在理念规划、技术手段、管理运营、可持续发展环节中充分体现数据集成、分析判断、管控策略，具有整体自适应和自进化能力的新型建筑形态。

智慧建筑的"智慧"体现在以人工智能技术为代表的前沿科技为建筑的深度赋能，是"AI+"建筑的必然产物。

智慧建筑的建设要素应至少包括建筑大脑、智慧基础设施、数据安全构件等。其中建筑大脑应以满足建筑物的使用功能为目标，确保对建筑物数据的共享、分析和优化管理，包括建筑操作系统〔BOS〕和场景应用。

8.3.3 建筑大脑

建筑大脑是AI加持智慧建筑的形象称谓，是"自上而下"建设理念下的必然产物，是让超高层建筑具备真正"智慧"的必备条件。其所处层面等同于以往的管理控制层，二者的不同之处在于——以往是多个并行的〔子系统〕管理控制层，是一个个"烟囱"状的信息孤岛，或者依靠集成将信息孤岛强行捆绑，效果欠佳；而建筑大脑则是一个包含建筑数据、数据处理、业务模块、场景应用的综合智慧统一管控平台，兼容各类通信接口、协议、数据格式、数据库标准等，可以直接对接开放性的子系统网络传输层、末端感知执行层，形成"数据信息统一体"，天然规避信息孤岛和重复建设问题，实现新子系统的平滑入列。建筑大脑架构如图8-3所示。

8.3.4 智慧超高层建筑的技术架构展望

智慧建筑应该由智慧平台层〔建筑大脑〕、网络传输层及感知执行层组成。

〔1〕智慧平台层可以管理一栋超高层建筑，也可以管理一个超高层建筑集群，或者是同一管理单位分散在各地的若干超高层建筑，所以它的配置方式和规模是自由、多样的。数据同样存在规模红利

效应，指挥平台层的云部署方式将成为趋势。

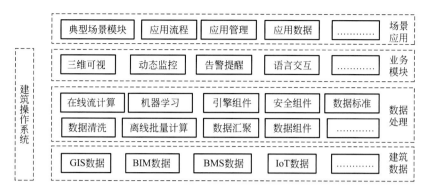

图 8-3　建筑大脑架构图

（2）网络传输层可以是有线网络、无线网络，可以是以太网、物联网，应兼容主流传输协议；充分利用5G、F5G、Wi-Fi6以及窄带物联网通信技术带来的传输领域的革命性突破，并持续跟进未来发展趋势的扩展能力。

（3）感知执行层包括感知类设备、执行类设备、控制类设备以及各类物理接口。这里的各类设备都是广义概念，比如摄像头与传感器一样属于感知设备（视频及图像感知），车库闸机与电磁阀一样属于执行设备等等，这也需要我们摒弃子系统隔阂，发现它们深层次的共通点，真正转变为超高层地标的"智慧建筑"建设思路。

如果说智慧平台层是建筑的大脑，网络传输层就是建筑的神经网络（电力能源系统是建筑的血液），感知执行层则是建筑的肌体，它们共同构成了智慧建筑这个"生命体"。在这种架构下，超高层建筑的"思考"和"行动"统一起来，各子系统就像智慧建筑的众多技能，技能与技能之间能够"融会贯通"（数据共享），随着数据的收集、积累、挖掘、使用，建筑大脑应具备自主学习、自主更新、改善、优化自身功能的能力。智慧建筑技术架构如图8-4所示。

8.4　智慧超高层地标建筑的技术展望

研究表明，2020年以来，数字经济的增速是全球经济增速的两倍多，数字经济的投入是非数字经济投入的六倍左右。各行各业的"智慧化"已是数字经济中一个重要的组成部分，也是点燃数字经济发展的新引擎。同时，在国家大战略指引下，新基建对数字经济的发展具有重要的推动作用，这当中的5G基建、大数据中心、人工智能均直接影响着智慧建筑的发展，超高层建筑也正迎来一场"建筑大脑"、万物互联、全域泛感知的全面"智慧化"浪潮。

2020年2月10日，上海市发布《关于进一步加快智慧城市建设的若干意见》，上海将在2022年基本建成科学集约的"城市大脑"，并推动一批关键技术与智慧城市建设深度融合，实现算力的云边端统筹供给。

建筑是人类工作、生活的主要场所，利用技术手段真正实现建筑的智慧化，进而实现整个社会的内生性的良性循环，是每一位从业者的责任；作为地标性建筑，超高层建筑最应该拥有"一个大脑"，在人民群众工作、生活需求日益提高的今天，在"商业地产精细化开发"需求日益明晰的当下，"自上而下"的智慧建筑建设理念将使得建设将更加高效、集约，建成"动作"会更加统一、

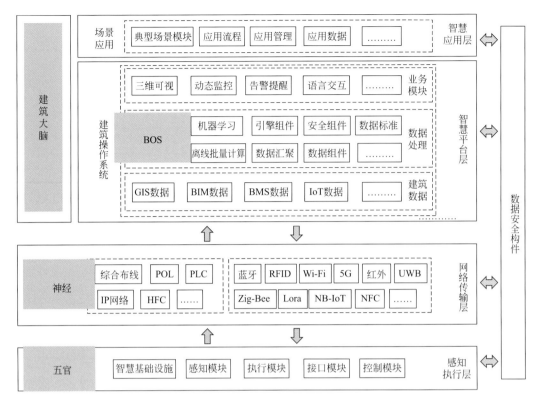

	典型场景模块	应用流程	应用管理	应用数据	…………		智慧应用层

		三维可视	动态监控	告警提醒	语言交互	…………	业务模块	
		机器学习	引擎组件	安全组件	数据标准		数据处理	
	BOS	离线批量计算	数据汇聚	数据组件	…………			
		GIS数据	BIM数据	BMS数据	IoT数据	…………	建筑数据	

| | | 综合布线 | POL | PLC | 蓝牙 | RFID | Wi-Fi | 5G | 红外 | UWB | |
| 神经 | | IP网络 | HFC | …… | Zig-Bee | Lora | NB-IoT | NFC | …… | |

| 五官 | | 智慧基础设施 | 感知模块 | 执行模块 | 接口模块 | 控制模块 | | 感知执行层 |

图 8-4　智慧建筑技术架构图

协调。

　　以后的建筑，尤其是超高层地标建筑，都应该是"百年建筑"。如何让建筑越用越好用、而不是用5～8年就被技术发展淘汰而不得不进行持续的颠覆式改建，就看是否按照智慧建筑设计理念规划设计，以及后续对建筑数据的积累、挖掘、应用，加之对建筑大脑应用模块的持续完善；在这种发展理念下，相信有一天，会有一种可以自主学习的建筑大脑诞生，那个时候，一个超高层建筑的竣工就像一个大学生毕业走出校园，它具备了必要的基础知识、技能和学习能力，在有人入驻后，不断对各类必要数据进行探测、收集、积累、挖掘、分析、使用，自我学习、自我进化，变得越来越"懂"自己的使用者，越来越能够满足大多数入驻人员对建筑的需求，这便是智慧建筑的发展方向，更是超高层地标建筑的必由之路。

图 8-5　兰生大厦

8.5　应用案例

　　正当城市数字化转型以巨大趋势改变人类社会和城市发展之际，推进数字产业化，打造智慧城市成为未来城市发展的必然趋势和必由之路。

　　上海市黄浦区淮海路上的楼宇尤其具有代表性，以图8-5所示的兰生大厦为例，面对现代智能化楼宇发展的趋势以及日益提高且不断变化的客户需求，通过AI、IOT、BIM等各类高新技术增强既有建筑的管理和服务能力，从建筑——这个城市的基础单体出发，为智慧城市和城市数字化转型服务。

兰生大厦27个层面的甲级办公楼层，每层约1200m²，净高2.5m。楼高196m，主楼共39层，总建筑面积为59273.23m²。

8.5.1　数字空间孪生，实现数字化运维

通过AIOT+BIM技术，打造数字空间，并以此为基础形成了智慧运营指挥中心（图8-6），楼宇运行数据实时掌握，通过对既有建筑进行BIM建模，BIM模型接入消防系统设备、安防视频信号、物联网监测预警设备、远程窗控系统设备，楼宇自控系统，停车系统，门禁系统，分项计量和远程抄表系统，商办楼宇租赁系统等，通过建筑空间的数字化管理，实现了全面监测，主动报警的管理目的，让管理的神经触达楼宇的每个角落。AI赋能，为楼宇可视化运营奠定基础，开启智慧楼宇新时代。

8.5.2　智慧联动，建筑更安全

安全是楼宇运营的生命线。项目致力保障楼宇本质安全，通过人员管理系统、AI视频监控管理系统、设备设施管理系统、消防管理系统、物联监测预警系统、建筑安全等与数字空间联动，精准定位，达到迅速响应，形成了完整的楼宇安全管理体系，该功能有力保障了兰生大厦的公共卫生安全，如图8-7所示。

图 8-6　智慧运营指挥中心

图 8-7　楼宇安全管理系统

8.5.3 AI赋能，建筑运营更节能

项目中开发了智慧能控系统（图8-8），通过能耗监控、分项计量、远程抄表等，实时监控建筑能耗，实现能源精细化管理；着力打造AI能效管理系统，实现制冷制热系统节能增效。AI策略自动调节水泵变频及冷机、热泵等主要冷热源的供水温度，显著降低楼宇能耗。项目通过智慧能控系统部署及相关变频设备改造，通过运行数据预测，使用智慧能控系统后，大厦明显节能。当前，场景正结合磁悬浮制冷主机等先进设备，为实现更高水平的节能降耗而努力。

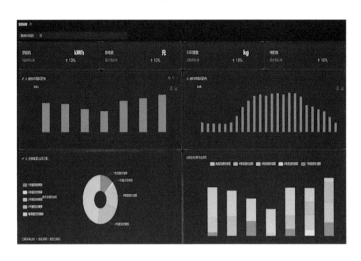

图 8-8　智慧能控系统

8.5.4 系统性管理，服务更高效

通过部署FM设施设备管理系统，完成了智能派单、设施管理、线上报修等功能，全楼主要设备设施实现全生命周期管理，实行"一设一码"。同时基于二维码实现设备的巡检、维保等管理让物业管理更高效。

项目同时致力解决智能设备远程控制，通过部署远程窗控系统，结合AI算法，在实现台风季节大楼窗控安全管理的同时，使大楼会思考、能呼吸；通过部署物联网监测预警系统，完成全楼超窄带物联网全覆盖，全楼部署约150余个物联监测终端，对重要设备、空间等进行全天候监测，通过远程监控结合逻辑算法，实现灯光、阀门的自动调节，在提升楼宇本质安全的同时，大幅提高了物业人员的管理效能。

8.5.5 无边界服务，租户更便捷

项目尤其注重楼宇中租户满意度的提升，因此着力打造楼宇E社区，提供贴心便捷服务。通过"无边界服务"，为楼宇租户提供访客预约、智慧停车、智慧食堂、智慧会议、一码通等一键式服务，其中一码通系统打通楼宇多种管理系统，实现了进出门禁、食堂消费、会议会晤预约等一码搞定，并可根据楼宇和租户需求定制，在有限的空间内，实现无限的价值。

8.5.6 项目荣誉

兰生大厦曾获得住房和城乡建设部科技示范工程项目、上海市黄浦区十佳AI应用场景、上海市建设协会2020年度"示范项目、创新技术"成果奖、上海市楼宇科技研究会四星级智慧楼宇、上海市科学技术委员会关于"大型建筑楼宇群智能化管控技术研究与示范项目"等荣誉。

第二篇 ｜ 实践篇

1. 上海白玉兰广场

立面图

项目简介：

上海白玉兰广场占地5.6万m²，总建筑面积为42万m²，其中地上26万m²，地下16万m²，包括一座办公塔楼、酒店塔楼、展馆建筑以及裙楼。

项目包括一座66层320m高的办公塔楼，一座39层171.7m高的酒店塔楼和一座2层57.2m高的展馆（白玉兰馆），建筑连接着3层高的西北零售裙楼。东裙楼4层高，包括商业零售和影院。西南裙楼4层高，包括2～4层（包括2层宴会厅）的酒店休闲娱乐层以及首层零售。酒店西塔楼提供393套客房和辅助服务设施，包括游泳池、宴会厅和会议室、水疗中心、健身中心和特色餐厅等。

上海白玉兰广场的裙房建筑借鉴了河谷的流线型，左侧曲线形的下沉式广场和右侧曲线形的中庭空间，一内一外，寓意上海的黄浦江和苏州河。

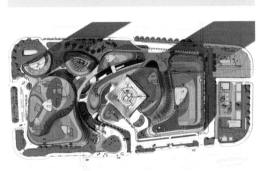

总平面图

A. 项目概况

项目所在地		上海					
建设单位		上海金港北外滩置业有限公司					
总建筑面积		约 42.3 万 m²					
建筑功能（包含）		办公、商业、酒店					
各分项面积及功能	320m 塔楼	66 层，约 13.6 万 m²；办公					
	172m 塔楼	39 层，约 6.2 万 m²；酒店					
	白玉兰馆	2 层，约 0.3 万 m²；展馆					
	裙房商业	4 层，约 4.2 万 m²；商业					
	地下室	地下四层，约 16 万 m²；商业（约 4 万 m²）、酒店后勤（约 0.7 万 m²）、车库、机房					
建筑高度		1# 塔楼 320m、2# 塔楼 172m、展厅 52.75m					
结构形式		核心筒 + 钢骨柱 + 外伸臂桁架 + 环带桁架 + 外围斜撑					
酒店品牌（酒店如有）		W 酒店					
避难层 / 设备层分布楼层及层高	楼层	3	4	18	34	35	50	65	66
	层高（m）	4.5	4.5	4.5	4.5	5.5	4.5	5.8	10.1
设计时间		2006 ~ 2011 年					
竣工时间		2016 年					

B. 智能化机房和弱电间设置

	楼层	面积（m²）	主要用途	是否合用	备注
弱电进线间 1	地下一层	32			
弱电进线间 2	地下一层	100	兼做办公通信机房		
通信设施机房	地下一层	106			运营商机房
移动通信覆盖机房 1	地下一层	50	办公、商业及车库		
移动通信覆盖机房 2	地下一层	37	酒店		
安防监控中心	首层	85	办公、商业及车库	是	
安防分控室	首层	66	酒店	是	
通信网络机房 1	地下一层	113	酒店		
电视及音响机房	地下一层	47	酒店		
弱电间	B4 ~ 66 层	5 ~ 9.5	塔楼办公		裙房有 9 个弱电间
弱电间	B4 ~ 3 层	5.5	商业		
弱电间	B4 ~ 39 层	7.6	酒店		

注：是否合用是指消防控制室与安防监控中心或安防分控室的合用。

C. 智能化系统配置

系统名称	系统配置	备注
综合布线系统	布线类型：水平 6 类 UTP； 布点原则：办公 1.5/10m²，商业 1/50m²，酒店 5/ 间； 共计双孔信息点：11028 只、无线 AP：325 只	

C. 智能化系统配置

系统名称	系统配置	备注
通信系统	办公、商业及地下室：电信远端模块 13000 门； 酒店：程控电话交换机 1200 门	
信息网络系统	系统架构：二层网络架构	
有线电视网络和卫星电视接收系统	系统型式：分配分支； 节目源：办公、商业为有线电视； 　　　　酒店为有线＋卫星电视； 共计电视终端：523 只	
信息导引及发布系统	系统型式：网络系统； 显示型式：液晶屏、LED 屏； 共计显示终端：52 只	
广播系统	系统型式：数字系统； 系统功能：办公为业务广播、紧急广播； 　　　　商业、酒店为背景音乐、业务广播、紧急广播； 共计扬声器：3677 只	
安全防范系统	入侵报警：双鉴探测器 35 只； 　　　　求助报警按钮 192 只	
	视频监控：720P/1080P 摄像机共计 963 只	
	出入口控制：办公通道闸机 12 台； 　　　　门禁读卡器 45 只	
	一卡通：集成门禁、考勤、就餐、借阅等	
	电子巡查：离线式，4 个巡更棒、250 点	
	周界报警：	
无线对讲系统	分布式系统，对讲机 25 台、室内全向天线 250 只	
楼宇对讲系统	无	
智能家居系统	无	
酒店管理系统	网络型，管理终端 180 个	
停车库管理系统	车库道闸一进一出 3 套； 车位引导：超声波探测器 1376 只； 反向寻车：无	
智能化集成系统	集成消防、安防、无线对讲、设备监控、能耗、信息发布等	

弱电机房分布图：

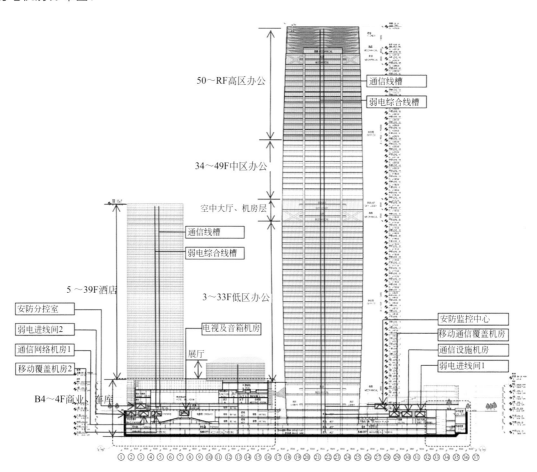

50～RF高区办公

通信线槽

弱电综合线槽

34～49F中区办公

空中大厅、机房层

通信线槽

弱电综合线槽

5～39F酒店

3～33F低区办公

安防分控室

弱电进线间2

通信网络机房1

移动覆盖机房2

电视及音箱机房

展厅

安防监控中心

移动通信覆盖机房

通信设施机房

弱电进线间1

B4～4F商业、库库

2. 武汉中心

立面图

项目简介：

  本项目位于武汉CBD核心区南角，由一幢438m 88层的超高层塔楼、裙房以及地下室组成,为酒店、公寓、商业和办公功能的商业综合体。武汉中心占地约2.81公顷，总建筑面积约367万m²，其中，地上建筑面积约27万m²，设置1300个机械式停车位，建筑高度438m，地下4层（局部5层），地上88层。

  酒店主要分布在地下1F、地下一夹层、塔楼1F～3F、裙房3F以及塔楼63F以上部分；办公主要分布在塔楼1层、塔楼4～30层；公寓主要分布在塔楼1层、塔楼31～62层；商业主要分布在裙房以及地下一层；地下室为四层，主要功能为车库以及机房，其中地下四层车库区域为人防。

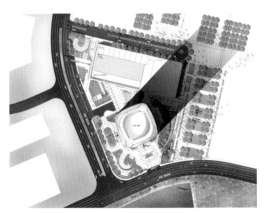

总平面图

A. 项目概况

项目所在地		武汉					
建设单位		武汉王家墩中央商务区建设投资有限公司					
总建筑面积		约 36 万 m²					
建筑功能（包含）		办公、商业、酒店、公寓					
各分项面积及功能	塔楼	约 23.9 万 m²；酒店、办公、公寓、观光阁					
	裙房	约 3.3 万 m²；商业、会议中心					
	地下室	约 9 万 m²；商业、后勤、车库					
建筑高度		塔楼 438m					
结构形式		框架 - 核心筒结构体系					
酒店品牌（酒店如有）		凯悦酒店					
避难层 / 设备层分布楼层及层高	楼层	5	18	31	47	63	86
	层高（m）	5.9	6.6	6.6	6.3	6.3	6.3
设计时间		2009 ~ 2012 年					
竣工时间							

B. 智能化机房和弱电间设置

	楼层	面积（m²）	主要用途	是否合用	备注
弱电进线间	地下一层	15			
通信设施机房	地下一层	100	负责办公、商业的通信网络		运营商机房
移动通信覆盖机房	地下一层	106			
有线电视机房	地下一层	20	负责办公、商业、公寓的有线电视		
安防监控中心	首层	120	负责整个项目的安全防范管理	是	
安保分控中心（公寓）	31 层	50	负责公寓区域的安全防范管理		
通信网络机房（公寓）	31 层	50	负责公寓区域的通信网络		
移动通信覆盖机房	47 层	50			
安保分控中心（酒店）	66 层	35	负责酒店区域的安全防范管理		
有线电视及客房音响控制室	66 层	20	负责酒店区域		
通信与网络中心机房	66 层	45	负责酒店区域		
卫星前端机房	86 层	25	负责酒店区域		
弱电间	B3 ~ 49 层	5.8 ~ 9.5	塔楼办公		裙房有 4 个弱电间
弱电间	36 ~ 60 层	5.5	公寓		
弱电间	61 ~ 86 层	5.8	酒店		

注：是否合用是指消防控制室与安防监控中心或安防分控室的合用。

C. 智能化系统配置

系统名称	系统配置	备注
综合布线系统	布线类型：水平 6 类 UTP； 布点原则：办公 1.5/10m²，商业 1/50m²，酒店 5/间； 共计信息点：单孔信息插座 2850 只； 双孔信息插座 3204 只； 双孔光纤插座 456 只； 客房集控插座 452 只； 无线 AP296 只	
通信系统	办公、商业：电信远端模块 3600 门； 公寓：电信远端模块 1500 门； 酒店：程控电话交换机 1800 门	
信息网络系统	系统架构：二层网络架构	
有线电视网络和卫星电视接收系统	系统型式：分配分支； 节目源：办公、商业、公寓为武汉市有线电视； 酒店为武汉市有线电视 + 卫星电视； 共计电视终端：1603 只	
信息导引及发布系统	系统型式：网络系统； 显示型式：液晶屏、LED 屏； 40″ TFT 显示终端：6 只	分别服务办公、公寓、酒店
广播系统	系统型式：数字系统； 系统功能：办公为业务广播、紧急广播； 商业、酒店为背景音乐、业务广播、紧急广播； 共计 3 套，功放 46 台、扬声器：4044 只	分别服务办公、公寓、酒店
安全防范系统	入侵报警：双监探测器 35 只； 求助报警按钮 38 只	
	视频监控：720P/1080P 摄像机共计 942 只； 大屏幕显示：1 台 51 英寸、2 台 42 英寸、19 英寸若干台； 存储硬盘：120 块 2TB 硬盘	
	出入口控制：办公通道闸机若干台； 门禁读卡器若干只	
	一卡通：集成门禁、考勤、就餐、借阅等	
	电子巡查：离线式，12 个巡更棒、246 点	
	周界报警：无	
无线对讲系统	分布式系统，对讲机 25 台、室内全向天线 250 只	
楼宇对讲系统	可视访客对讲户内分机 287 只	
家庭用报警按钮	1290 只	
酒店管理系统	网络型，管理终端 452 个	
停车库管理系统	车库道闸一进一出 5 套	
智能化集成系统	集成消防、安防、无线对讲、设备监控、能耗、信息发布等	

弱电机房分布图：

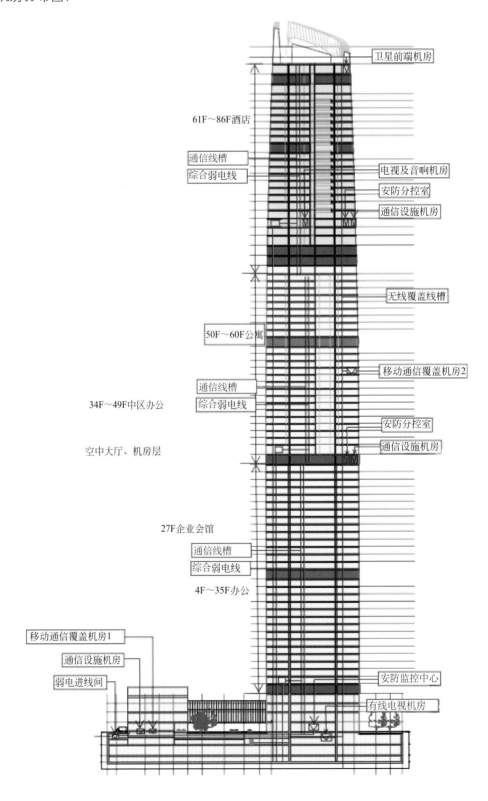

卫星前端机房

61F～86F酒店

通信线槽

综合弱电线

电视及音响机房

安防分控室

通信设施机房

无线覆盖线槽

50F～60F公寓

移动通信覆盖机房2

通信线槽

综合弱电线

34F～49F中区办公

安防分控室

通信设施机房

空中大厅、机房层

27F企业会馆

通信线槽

综合弱电线

4F～35F办公

移动通信覆盖机房1

通信设施机房

弱电进线间

安防监控中心

有线电视机房

超高层建筑智能化设计关键技术研究与实践

3. 成都绿地中心

立面图

项目简介：

  本项目位于四川省成都市龙泉驿区，东村新区核心区北入口门户，中央绿轴西侧。周边道路东侧为银木街，西侧为椿木街，南侧为杜鹃街，北侧为驿都大道。基地东西长221m（北侧），南北宽125m（东侧）。建设用地面积约为24530.39m^2。

  成都绿地中心主塔楼468m的高度将创立西南第一的高度。综合体方案将成都城市结构、山水田园为发展方向；地域风俗文化结合传统风俗，融古汇今。创造舒适的城市花园环境，提供车辆、行人和地铁便利的公共交通格局；打造集商务办公、会议和购物、娱乐、酒店为一体的城市枢纽。建筑与结构完美结合，充分考虑了在高地震区结构设计的本质，采用几何平面和收分的体系以及高性能的结构斜撑，来保证高效稳定的超高层结构。景观设计演绎了自然山区地形的特征，缔造了天地交汇的起伏动人的城市绿地空间。建筑幕墙、机电和其他系统都以高效，节能为目标，旨在打造全新一代的生态蜀峰。

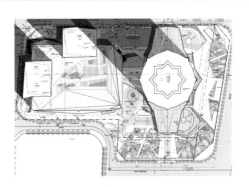

总平面图

A. 项目概况		
项目所在地		成都
建设单位		绿地集团成都蜀峰房地产开发有限公司
总建筑面积		456277.55m²
建筑功能（包含）		办公、商业、酒店、公寓
各分项面积及功能	T1 塔楼	230776.49m²；办公、行政公馆、五星酒店和天际会所
	T2 塔楼	40087.94m²；酒店公寓
	T3 塔楼	41604.32m²；酒店公寓
	裙房	32070.2m²；商业、会议中心
	地下室	111432m²；商业、酒店后勤、车库
建筑高度		T1 塔楼 468m、T2 塔楼 159.375m、T3 塔楼 166.375m、裙房 29.25m
结构形式		核心筒＋钢骨柱＋外伸臂桁架＋环带桁架＋外围斜撑
酒店品牌（酒店如有）		绿地铂瑞

避难层/设备层分布楼层及层高	楼层	2	3	4	14	23	24	25	36
	层高（m）	6.6	3.3	3.3	4.4	6.6	3.3	3.3	4.4
	楼层	47	48	49	58	68	68M	69	73M
	层高（m）	3.3	3.3	6.6	4.4	3.3	3.3	6.6	3.3
	楼层	85	98	99					
	层高（m）	3.9	5.85	5.85					

设计时间		2015 年 4 月

B. 智能化机房和弱电间设置					
	楼层	面积（m²）	主要用途	是否合用	备注
弱电进线间	地下一层	10	市政进线		
运营商机房	地下一层	100	运营商设备放置		三家
通信及网络机房	24F	60	办公、裙房商业、地下车库		
消防安保控制中心	LG	100	办公、商业及车库，兼项目中心	是	
卫星电视前端机房	屋顶层	15	酒店及天际会所		
电视音响控制机房	85F	30	酒店及天际会所		
通信网络机房	85F	100	酒店及天际会所		
消防安保控制室	85F	90	酒店及天际会所	是	
通信及网络机房	47F	60	行政办公		
消防安保控制室	47F	60	行政办公	是	
通信及网络机房	LG	60	T2 塔楼		
通信及网络机房	LG	60	T3 塔楼		
消防安保控制室	LG	80	T2&T3 塔楼		
弱电间	每层	7.6	1 间/塔楼，裙房 1 间/防火分区		

注：是否合用是指消防控制室与安防监控中心或安防分控室的合用。

C. 智能化系统配置

系统名称	系统配置	备注
综合布线系统	布线类型：水平 6 类 UTP； 布点原则：办公 1.5/10m²，商业 1/50m²，酒店 5/ 间； 共计双孔信息点：1678 只、无线 AP：312 只	
通信系统	办公、商业及地下室：电信远端模块 200 门； 酒店：程控电话交换机 1000 门	
信息网络系统	系统架构：二层网络架构	
有线电视网络和卫星电视接收系统	系统型式：分配分支； 节目源：办公、商业为有线电视； 酒店为有线 ＋ 卫星电视； 共计电视终端 1782 只	
信息导引及发布系统	系统型式：网络系统； 显示型式：液晶屏、LED 屏； 共计显示终端：28 只	
广播系统	系统型式：数字系统； 系统功能：办公为业务广播、紧急广播； 商业、酒店为背景音乐、业务广播、紧急广播； 共计扬声器：3327 只	
安全防范系统	入侵报警：双监探测器 45 只； 求助报警按钮 24 只	
	视频监控：720P/1080P 摄像机共计 2043 只	
	出入口控制：办公通道闸机 12 台； 门禁读卡器 45 只	
	一卡通：集成门禁、考勤、就餐、借阅等	
	电子巡查：离线式，4 个巡更棒、200 点	
	周界报警：无	
无线对讲系统	分布式系统，对讲机 25 台、室内全向天线 300 只	
酒店管理系统	网络型，管理终端 120 个	
停车库管理系统	车库道闸一进一出 3 套； 车位引导：超声波探测器 1280 只； 反向寻车：无	
智能化集成系统	集成消防、安防、无线对讲、设备监控、能耗、信息发布等	

弱电机房分布图：

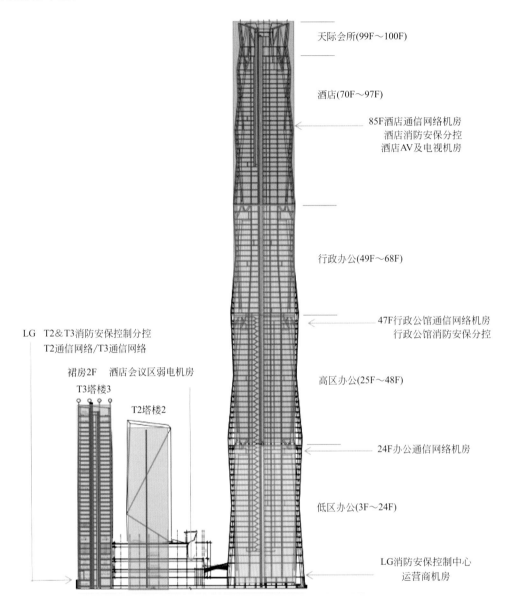

天际会所(99F～100F)

酒店(70F～97F)

85F酒店通信网络机房
酒店消防安保分控
酒店AV及电视机房

行政办公(49F～68F)

47F行政公馆通信网络机房
行政公馆消防安保分控

高区办公(25F～48F)

24F办公通信网络机房

低区办公(3F～24F)

LG消防安保控制中心
运营商机房

LG T2&T3消防安保控制分控
T2通信网络/T3通信网络

裙房2F 酒店会议区弱电机房

T3塔楼3

T2塔楼2

超高层建筑智能化设计关键技术研究与实践

4. 深圳恒大中心

立面图

项目简介：

　　本项目为恒大总部办公大楼，位于南山区深湾三路与白石四道交汇处东南角，属于深圳湾北岸超级总部片区的核心位置，整个工程属于超高层总部办公建筑，耐火等级为一级。项目地上部分共75层，裙房区主要功能为商业、餐饮、文化展览等，塔楼部分主要功能为办公；1F塔楼部分为办公大堂，裙房部分为商业；2F塔楼部分为大堂上空与商业，裙房部分为商业；3F塔楼部分为办公大堂及办公空间，裙房部分为多功能厅；4F～5F塔楼部分为餐饮，裙房部分为多功能厅上空及厨房；6F～9F为文化设施；10F～65F为标准层办公；66F～69F为行政办公，顶层为空中大堂。

　　项目实际总计容建筑面积为290021m²，其中地上建筑面积约为233678m²，地下建筑面积约为56343m²。建筑总层数为75层，总高度为393.9m（屋顶女儿墙高度）。

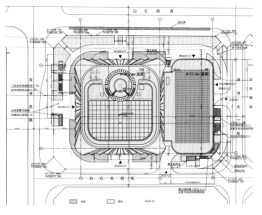

总平面图

A. 项目概况

项目所在地	广东省深圳市							
建设单位	恒大集团有限公司							
总建筑面积	290021m²							
建筑功能（包含）	办公、商业							
各分项面积及功能	塔楼	197489m²；办公						
	裙房	36189m²；商业、酒楼、文化设施、物业办公						
	地下室	56343m²；商业、车库						
建筑高度	塔楼 393.9m							
结构形式	核心筒 + 钢骨柱 + 外伸臂桁架 + 环带桁架 + 外围斜撑							
酒店品牌（酒店如有）	无							
避难层 / 设备层分布楼层及层高	楼层	10	19	28	37	46	55	64	70
	层高（m）	5.3	5.3	5.3	5.3	5.3	5.3	5.3	6.1
设计时间	2020 年 6 月							

B. 智能化机房和弱电间设置

	楼层	面积（m²）	主要用途	是否合用	备注
弱电进线间 1	地下一层夹层	21			
弱电进线间 2	地下一层夹层	11			
中国移动机房	地下二层	95			运营商机房
中国联通机房	地下二层	27			运营商机房
中国电信机房	地下二层	55			运营商机房
有线电视机房	地下一层	19			运营商机房
卫星电视机房	地上六十四层	25	卫星 IPTV 机房		
数据中心机房	地上四十五层	218	集团总部数据中心		
消防安防监控中心	首层	200	安防监控中心 消防监控中心	是	消防设备独立区域面积 74m²，安防、智能化、大屏区域 126m²
UPS 间	B3/19F/28F/37F/46F/ 55F/64F/70F	16 ～ 33	楼层区域 UPS 主机及电池柜		区域内弱电间设备供电
弱电间	B6-B1M 层	5.1 ～ 7.5	地库、商业		地下层有 3 个弱电间
弱电间	1 ～ 67 层	5.1	裙房、办公		2 个弱电间
弱电间	68 ～ 75 层	4.3 ～ 5.6	办公、塔冠空中花园		1 个弱电间

注：是否合用是指消防控制室与安防监控中心或安防分控室的合用。

C. 智能化系统配置

系统名称	系统配置	备注
综合布线系统	布线类型：电话、数据水平 6 类 UTP、WIFI 水平超 6 类 UTP；布点原则：按工位双孔信息点；共计双孔信息点：10291 只、无线 AP：2880 只	
通信系统	2 处进线；双局站双路由	
移动通信室内信号覆盖	满足 GSM、CDMA、WCDMA、3G、4G 移动语音通信，同时为 5G 网络覆盖的建设预留土建及供电条件	

C. 智能化系统配置

系统名称	系统配置	备注
信息网络系统	系统架构：三层网络架构	
电话交换系统	采用 VoIP 软交换系统，将电话网和计算机网统一成一个整体，实现公司内部的即时通信软件、移动端设备与 IP 话机集成	
有线电视网络和卫星电视接收系统	系统型式：分配分支 节目源：办公、商业为有线电视信号 预留卫星电视基础，卫星通信机房 共计电视终端：612 只	
无线对讲系统	4 个无线对讲频段；建设多系统共用天馈系统，将公共安全通信系统引入，实现消防、公安对讲信号楼内覆盖	
无线 Wi-Fi 系统	按 Wi-Fi6 设计，AP 支持 MIMO 多路流	
信息导引及发布系统	系统型式：网络系统； 显示型式：液晶屏、LED 屏； 共计显示终端：191 只	
广播系统	系统型式：数字系统； 系统功能：办公为业务广播、紧急广播； 共计扬声器：2623 只	
安全防范系统	入侵报警：双监探测器 11 只； 求助报警按钮 404 只； 破玻按钮 40 只； 脚跳开关 24 只	
	视频监控：1080P 摄像机共计 3157 只； 其中人脸识别 2058 只	
	出入口控制：办公通道闸机 32 台； 门禁读卡器 968 只	
	一卡通：集成门禁、考勤、就餐、停车等	
	电子巡查：离线式，4 个巡更棒、657 点	
	周界报警：无	
停车库管理系统	车库道闸一进一出 4 套； 车位引导：视频车位探测器 240 台； 立体车库超声波探测器 291 只； 车位引导屏 24 只； 反向寻车：车位查询终端 8 台	
电梯控制系统	客梯自动派梯； 货梯刷卡到指定楼层	
建筑设备管理系统	DO 点：564 点； AO 点：356 点； DI 点：2340 点； AI 点：628 点	
高管区智能家居系统	集成灯光开闭、调光、空调、窗帘、移动感应	
环境探测系统	监测室内办公区的温度、湿度、PM2.5、二氧化碳含量、甲醛浓度（HCHO）共计 5 项环境数据，并计算总挥发有机化合物（TVOC）的浓度，联动新风系统	
能源管理系统	出租商铺水、电表，办公公区水表集中采集； 水表：92 只； 电表：160 只	
数据中心	微模块机房，合计 4 个模组，64 个机柜	
智能化集成系统	集成消防、安防、无线对讲、设备监控、能耗、信息发布等	

弱电机房分布图:

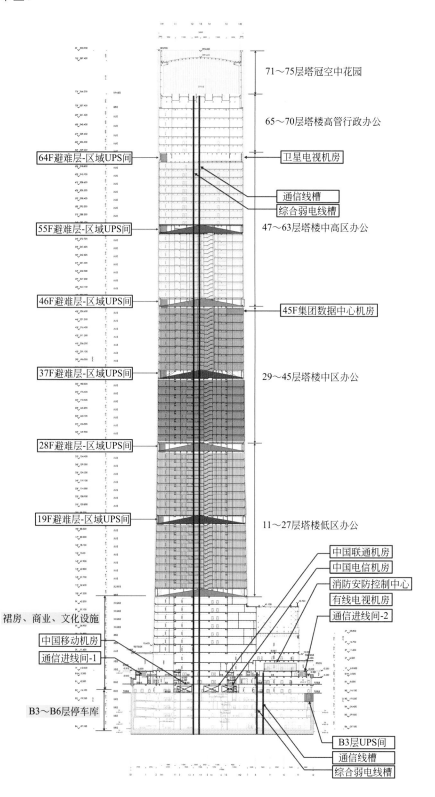

71～75层塔冠空中花园

65～70层塔楼高管行政办公

卫星电视机房

64F避难层-区域UPS间

通信线槽
综合弱电线槽

55F避难层-区域UPS间

47～63层塔楼中高区办公

46F避难层-区域UPS间

45F集团数据中心机房

37F避难层-区域UPS间

29～45层塔楼中区办公

28F避难层-区域UPS间

19F避难层-区域UPS间

11～27层塔楼低区办公

中国联通机房
中国电信机房
消防安防控制中心
有线电视机房
通信进线间-2

裙房、商业、文化设施

中国移动机房
通信进线间-1

B3层UPS间
通信线槽
综合弱电线槽

B3～B6层停车库

5. 天津津塔（天津环球金融中心）

立面图

项目简介：

  本项目位于天津市和平区，海河中上游天津市金融核心开发区的中心。项目坚持可持续发展的理念，塑造了一个重要的、新的公共开放空间来表示对天津最壮观的自然资源——海河的敬意。

  津塔地块的规划设计有如传统的中国山水画，一栋细长的公寓楼衬托出弯曲的兴安路，高耸入云的塔楼矗立在基地东方。这座高达336.9m的华北第一高楼。其外立面造型有着与其他超高层建筑与众不同的曲线，上下缩口，中间稍大。办公塔楼的建筑表现形式在简练的造型中融入了优雅的材料质感和细部设计，塑造出现代一流国际化高层建筑特有的品质。这两栋地标性建筑沿海河界定出一个大型开放空间，自然形成居住区公园和吸引公众的休闲场所。设计中运用中国造园"借景"的手法，为公寓和办公楼展示了绝佳的户外景观。

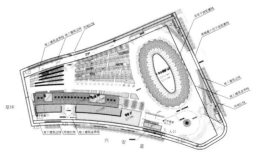

总平面图

A. 项目概况

项目所在地	天津				
建设单位	金融街津塔（天津）置业有限公司				
总建筑面积	344200m²				
建筑功能（包含）	办公、商业、公寓				
各分项面积及功能	塔楼	230776.49m²；办公			
	地下室	40087.94m²；商业、车库			
	副楼	41604.32m²；公寓			
建筑高度	塔楼 336.9m、副楼				
结构形式	核心筒 + 钢骨柱				
酒店品牌（酒店如有）	无				
避难层 / 设备层分布楼层及层高	楼层	15	30	45	60
	层高（m）	5.6	5.6	5.6	5.6
设计时间	2006 年 6 月				
竣工时间	2011 月 3 月				

B. 供配电系统

申请电源	2 路 35kV	
总装机容量（MVA）	38	
变压器装机指标（VA/m²）	110	
实际运行平均值（W/m²）	—	
供电局开关站设置	□有　■无	面积（m²）

C. 智能化机房和弱电间设置

	楼层	面积（m²）	主要用途	是否合用	备注
UPS 机房	地下二层	56	整个项目		
弱电进线间及运营商机房 1	地下二层	145	整个项目		
弱电进线间及运营商机房 2	地下一层	42	整个项目		
运营商机房 3	地下一层	37	整个项目		
消防安防中心	地下一层	188	整个项目		
信息机房	地下二层	180	整个项目		
车库管理间	地下一层	15X2	整个项目		
弱电间	B4 ~ B1 层	4 ~ 5	地下室		有 5 个弱电间
弱电间	1F ~ 32F	4	公寓		
弱电间	1F ~ 73F	4 ~ 5	办公塔楼		

注：是否合用是指消防控制室与安防监控中心或安防分控室的合用。

D. 智能化系统配置

系统名称	系统配置	备注
综合布线系统	布线类型：水平 6 类 UTP； 布点原则：办公 1.5/10m²，商业 1/50m²，公寓按房间布局设计； 共计双孔信息点：13424 只，单孔信息点：1730 只	
通信系统	办公、商业及地下室：电信远端模块 2000 门	
信息网络系统	系统架构：二层网络架构	
有线电视网络和卫星电视接收系统	系统型式：分配分支； 节目源：办公、商业、公寓为有线电视； 共计电视终端：1348 只	
信息导引及发布系统	系统型式：网络系统； 显示型式：液晶屏、LED 屏； 共计显示终端：120 只	
广播系统	系统型式：模拟系统； 系统功能：为业务广播、紧急广播、背景音乐； 共计扬声器：3677 只	
安全防范系统	入侵报警：双监探测器 101 只； 求助报警按钮 943 只	
	视频监控：720P/1080P 摄像机共计 677 只	
	出入口控制：办公通道闸机 12 台； 门禁读卡器 551 只	
	一卡通：集成门禁、考勤、就餐、车库等	
	电子巡查：离线式，4 个巡更棒、253 点	
	周界报警：无	
无线对讲系统	分布式系统，对讲机 25 台、室内全向天线 114 只	
楼宇对讲系统	公寓：765 套子机	
智能家居系统	360 套	
停车库管理系统	车库道闸一进一出 3 套； 车位引导：有； 反向寻车：无	
智能化集成系统	集成消防、安防、无线对讲、设备监控、能耗、信息发布等	

弱电机房分布图：

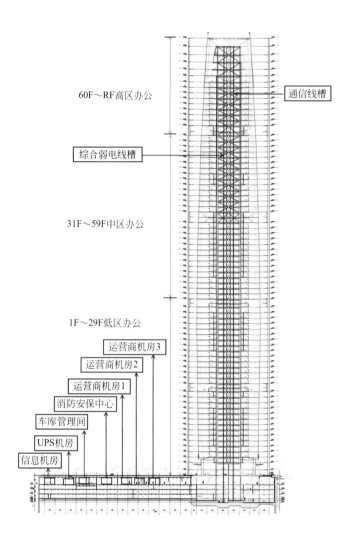

60F～RF高区办公

通信线槽

综合弱电线槽

31F～59F中区办公

1F～29F低区办公

运营商机房3

运营商机房2

运营商机房1

消防安保中心

车库管理间

UPS机房

信息机房

超高层建筑智能化设计关键技术研究与实践

6. 合肥恒大C地块

立面图

项目简介：

　　本项目合肥恒大C地块建设地点在位于合肥市滨湖新区CBD核心区，具备成熟商圈的条件，建成后为安徽省最高建筑，具有较强的地标性。项目南面为广阔的巢湖景观、湖景资源优势明显。地块东侧400m临近主干道包河大道，西侧庐州大道下有在建的地铁，整个CBD区路网规整交通便利。

　　北侧A、B地块为在建的零售商业中心，是本项目的前期开发地块，东侧D地块与本项目一体规划，地下室联合建设。C、D地块地下室跨过珠海路联合建设、一体设计，四层地下室均相互连通，并与北侧A、B地块在地下一、二层也相互连通。

　　合肥恒大C地块是一个综合体项目，主要的功能集办公、酒店、公寓、商业于一体，总建筑面积约为43.5万㎡，总高度518m，地上110F，地下4F；基地的用地总面积约28670.5m²。

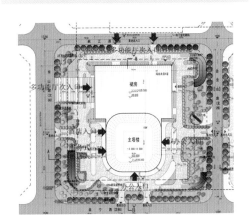

总平面图

项目所在地		合肥							
建设单位		合肥粤泰商业运营管理有限公司							
总建筑面积		43.5 万 m²							
建筑功能（包含）		办公、商业、酒店、公寓							
各分项面积及功能	裙房 + 塔楼	323500m²；办公、商业、商务公寓							
	地下室	111041m²；商业、车库、功能机房							
建筑高度		塔楼 518m							
结构形式		框架 - 核心筒混合结构 + 伸臂桁架							
酒店品牌									
避难层 / 设备层分布楼层及层高	楼层	6	13	21	30	37	46	53	62
	层高（m）	5.5	4.5	4.5	4.5	4.5	3.5	4.5	4.5
	楼层	69	78	85	90	99			
	层高（m）	4.5	4.2	4.5	4.2	4.5			
设计时间		2015 年 12 月							
竣工时间									

B. 智能化机房和弱电间设置

	楼层	面积（m²）	主要用途	是否合用	备注
弱电进线间	B1MF	30	C 地块		接入运营商
运营商机房	B1MF	90			
有线电视机房	B1MF	15	办公		
	70F	25	服务式酒店		
	90F	30	酒店		
无线覆盖机房	B1MF	50			
	70F	50			
	90F	50			
消防安防监控中心	B1MF	100	总控	是	
	70F	50	服务式酒店	是	
	90F	50	酒店	是	
计算机机房	B1MF	120	办公		
	70F	30	服务式酒店		
	90F	60	酒店		
弱电间	7F ～ 68F	3.7+8.8+7.7	办公		3 个弱电间
弱电间	71F ～ 84F	8.06	服务式酒店		1 个弱电间
弱电间	87F ～ 108F	6.7	酒店		1 个弱电间

注：是否合用是指消防控制室与安防监控中心或安防分控室的合用。

C. 智能化系统配置

系统名称	系统配置	备注
综合布线系统	布线方式：系统水平布线选用 6 类 UTP 传输数据及语音信号，语音主干线缆采用 3 类大对数铜缆，数据主干线缆采用 12 芯多模 / 单模光纤 终端配置标准：办公租户：采用光纤入户形式，水平线缆为 2 芯皮线光缆； 服务式酒店：采用光纤入户形式，水平线缆为 2 芯皮线光缆； 酒店根据酒店管理公司要求配置。 共计双孔信息点：办公 1148 个 / 服务式酒店 566 个 / 酒店 2820 个 / 地库及商业 510 个	
通信系统	2 处进线；双局站双路由	
移动通信室内信号覆盖	满足 GSM、CDMA、WCDMA、3G、4G 移动语音通信	
信息网络系统	系统架构：三层网络架构	
电话交换系统	办公：运营商远端模块局虚拟语音交换机； 酒店：2000 门程控数字用户电话交换机	
有线电视网络和卫星电视接收系统	系统型式：双向数字电视，分配分支； 节目源：办公为预留，商业为有线电视； 酒店为卫星电视和有线电视； 共计电视终端：430 只	
无线对讲系统	4 个无线对讲频段；天馈系统，360 套收发天线；	
无线 Wi-Fi 系统	公共区域设 AP，Wi-Fi5	
信息导引及发布系统	系统型式：网络系统； 显示型式：LCD、等离子； 共计显示终端：35 套	
广播系统	系统型式：数字系统； 系统功能：办公为业务广播，应急广播； 酒店为背景音乐、应急广播； 商业：背景音乐、商业及应急广播	
安全防范系统	入侵报警：双鉴探测器； 玻璃破碎报警； 门磁开关及求助报警按钮； 视频监控：IP 摄像机办公 464 套； 服务式酒店 83 套； 酒店 428 套； 地块及商业 239 套	
	出入口控制：办公通道闸机； 门禁读卡器 298 套	
	一卡通：集成门禁、考勤、就餐、停车等	
	电子巡查：离线式	
	梯控：酒店设置	
	周界报警：无	
停车库管理系统	车库管理：一进一出 5 套 车位引导：分区引导	
智能化集成系统	酒店部分设 IBMS 系统	

弱电机房分布图:

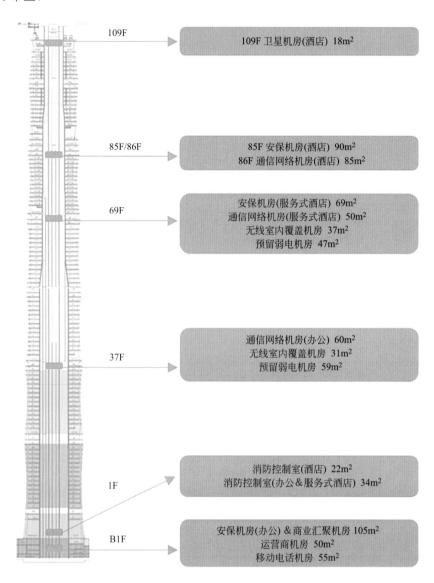

109F ————→ 109F 卫星机房(酒店) 18m²

85F/86F ————→ 85F 安保机房(酒店) 90m²
86F 通信网络机房(酒店) 85m²

69F ————→ 安保机房(服务式酒店) 69m²
通信网络机房(服务式酒店) 50m²
无线室内覆盖机房 37m²
预留弱电机房 47m²

37F ————→ 通信网络机房(办公) 60m²
无线室内覆盖机房 31m²
预留弱电机房 59m²

1F ————→ 消防控制室(酒店) 22m²
消防控制室(办公&服务式酒店) 34m²

B1F ————→ 安保机房(办公)&商业汇聚机房 105m²
运营商机房 50m²
移动电话机房 55m²

超高层建筑智能化设计关键技术研究与实践

7. 绿地山东国际金融中心

立面图

项目简介：

    本项目位于山东省济南市中央商务区核心区，基地总用地面积为29155.9m²。绿地山东国际金融中心主塔楼428m的高度将成为济南地区第一高楼。建设包括丽兹卡尔顿五星级酒店、甲级写字楼、银行定制办公、金融类商业裙房、商业MALL的超高层城市综合体，它将成为代表济南城市形象的新地标。设计理念将从世界范围和横跨21世纪角度考虑，体现当今最先进的人文与技术思想，运用最先进的规划建筑理念，无论从哲学、美学、社会学、工程学、心理学角度分析都具有一定的前瞻性，同时在全球一体化思潮指导下，体现东西文化的融合与碰撞。在城市空间色彩、序列、建筑形态、城市天际等方面均应有其深厚的文化诠释和悠久的广泛的认知感。

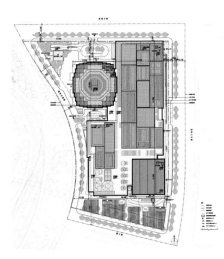

总平面图

A. 项目概况

项目所在地		济南						
建设单位		绿地集团济南绿鲁置业有限公司						
总建筑面积		408891.15m²						
建筑功能（包含）		办公、商业、酒店、公寓						
各分项面积及功能	A1 塔楼	233769.52m²；商务办公、公寓、五星级酒店						
	A2 塔楼	35363.80m²；金融办公						
	A3 裙房	57092.86m²；商业						
	地下室	82664.97m²；商业、酒店后勤、车库、功能机房						
建筑高度		A1 塔楼 428m、A2 塔楼 120.2m、A3 裙房 35.1m						
结构形式		框架 - 核心筒混合结构 +1 道伸臂桁架 +2 道环带桁架						
酒店品牌（酒店如有）		丽兹卡尔顿						
避难层 / 设备层分布楼层及层高	楼层	10	20	31	41	52	62	71	81
	层高（m）	4.3	6.45	4.3	6.45	6.45	4.3	10.1	5.85
设计时间		2018 年 5 月						
竣工时间		—						

B. 智能化机房和弱电间设置

	楼层	面积（m²）	主要用途	是否合用	备注
弱电进线间 1	地下一层	32			
弱电进线间 2	地下一层	100	兼做办公通信机房		
通信设施机房	地下一层	106			运营商机房
移动通信覆盖机房 1	地下一层	50	办公、商业及车库		
移动通信覆盖机房 2	地下一层	37	酒店		
安防监控中心	首层	85	办公、商业及车库	是	
安防分控室	首层	66	酒店	是	
通信网络机房 1	地下一层	113	酒店		
电视及音响机房	地下一层	47	酒店		
弱电间	B4 ~ 66 层	5 ~ 9.5	塔楼办公		裙房有 9 个弱电间
弱电间	B4 ~ 3 层	5.5	商业		
弱电间	B4 ~ 39 层	7.6	酒店		
弱电进线间	地下一层	15			
运营商机房	地下一层	52			
安防监控中心	地下一层	116	A1 塔楼办公	是	
安防分控室 1	地下一层	97	酒店	是	
安防分控室 2	地下一层	44	A2 塔楼楼	是	
安防分控室 3	地下一层	100	A3 裙楼	是	
通信网络机房 1	地下二层	31	A1 办公		
通信网络机房 2	地下二层	83	酒店		

B. 智能化机房和弱电间设置

	楼层	面积（m²）	主要用途	是否合用	备注
通信网络机房 2	地下一层	26	A2 塔楼		
通信网络机房 3	地下一层	60	A3 裙房		
电视及音响机房	地下二层	22	酒店		
弱电间	B4 ~ 70 层	5 ~ 8	塔楼办公		地下室有 8 个弱电间
弱电间	B1 ~ 6 层	5.5	商业		
弱电间	71 ~ RF 层	6	酒店		

注：是否合用是指消防控制室与安防监控中心或安防分控室的合用。

C. 智能化系统配置

系统名称	系统配置	备注
综合布线系统	布线类型：水平 6 类 UTP； 布点原则：办公 1.5/10m²，商业 1/50m²，酒店 5/ 间； 共计双孔信息点 9028 只、无线 AP：423 只	
通信系统	办公、商业及地下室：电信远端模块 13000 门； 酒店：程控电话交换机（含 IP 功能）2000 门	
信息网络系统	系统架构：二层网络架构	
有线电视网络和卫星电视接收系统	系统型式：分配分支； 节目源：IPTV； 酒店为有线 + 卫星电视； 共计电视终端：423 只	
信息导引及发布系统	系统型式：网络系统； 显示型式：液晶屏、LED 屏	
广播系统	系统型式：数字系统； 系统功能：办公、商业为业务广播、紧急广播； 酒店为背景音乐与紧急广播独立设置	
安全防范系统	入侵报警：双监探测器 1352 只； 求助报警按钮 56 只	
	视频监控：720P/1080P 摄像机共计 2564 只	
	出入口控制：办公通道闸机 40 台； 门禁读卡器 1300 只	
	一卡通：集成门禁、考勤、就餐、借阅等	
	电子巡查：4 套 离线式，10 个巡更棒、2500 点	
	周界报警：设置	
无线对讲系统	分布式系统，4 套，对讲机 25 台、室内全向天线 790 只	
访客可视对讲系统	公寓办公设置	
智能家居系统	无	
酒店管理系统	根据酒管要求设置	
停车库管理系统	车库道闸一进一出 6 套； 车位引导：设置； 反向寻车：设置	
智能化集成系统	集成消防、安防、无线对讲、设备监控、能耗、信息发布等	

弱电机房分布图：

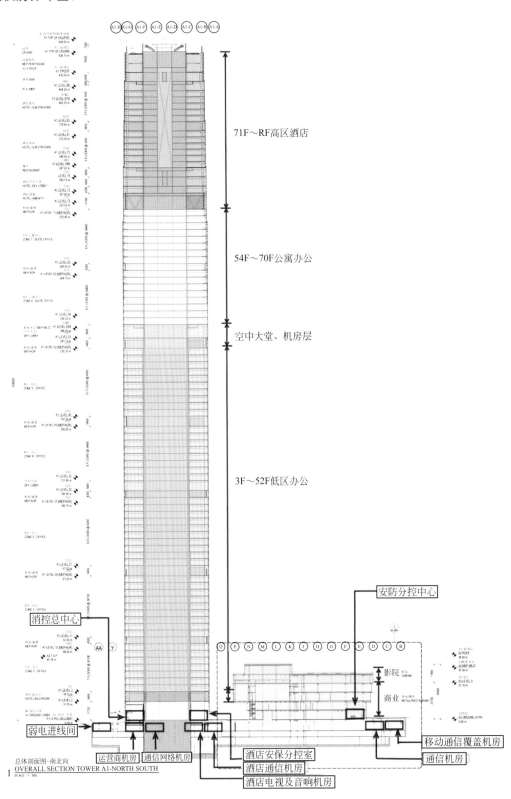

71F～RF高区酒店

54F～70F公寓办公

空中大堂、机房层

3F～52F低区办公

安防分控中心

消控总中心

影院 CINEMA

商业 RETAIL RESTAURANT

弱电进线间

运营商机房

通信网络机房

酒店安保分控室

酒店通信机房

酒店电视及音响机房

移动通信覆盖机房

通信机房

总体剖面图-南北向
OVERALL SECTION TOWER A1-NORTH SOUTH
SCALE 1：500

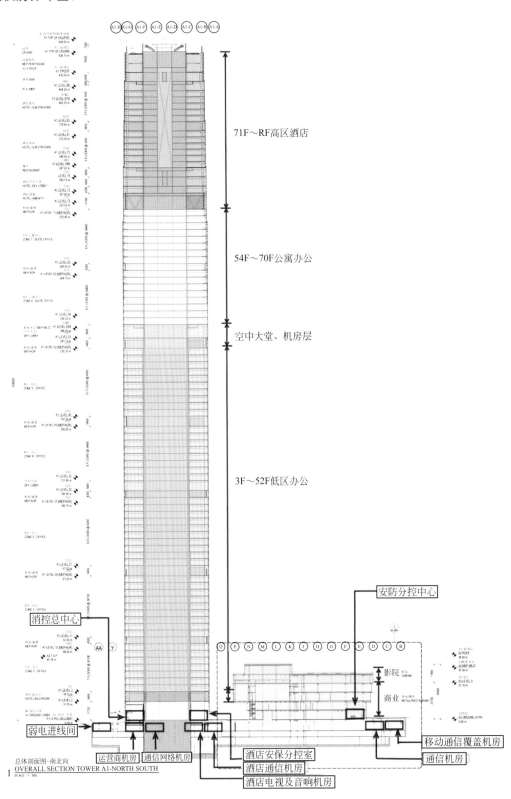

超高层建筑智能化设计关键技术研究与实践

8. 济南普利门

立面图

项目简介：

    本项目位于山东省济南市中央商务区核心区，建筑主体——超高层塔楼位于东西向景观轴的西侧端部，主体塔楼呈弧线三角形，旋转角度与顺河东路、共青团路道路边线吻合。作为塔楼配套设施的商业裙房沿普利街与共青团路呈组群式展开，通过各层次封闭或敞开的连廊和屋顶的组合、连接，形成三组既分又合的组群，在兼顾与城市道路协调的同时，最大限度满足基地规划要求。同时，对预留城市绿地适当改造，结合建筑形体和城市景观，设计了绿地、广场、屋面绿化，塑造出具有个性体验式购物的商业环境和城市公园。

    项目用地总面积3.3257公顷，整个项目包括容纳办公与商务公寓的超高层塔楼、配套商业裙房、地下车库及城市绿地等功能，总建筑面积约19.7万m^2，其中地上建筑面积约14.6万m^2，地下建筑面积约5.1万m^2，建筑高度249.70m。其中超高层塔楼地上60层，附属高层裙房5层，地下3层；东侧裙房组群地上3层，地下2层；北侧裙房组群地上4层，地下1层。

总平面图

A. 项目概况

项目所在地		济南						
建设单位		绿地集团济南绿鲁置业有限公司						
总建筑面积		197140m²						
建筑功能（包含）		办公、商业、商务公寓						
各分项面积及功能	裙房＋塔楼	146330m²；办公、商业、商务公寓						
	地下室	50810m²；商业、车库、功能机房						
建筑高度		塔楼 292.8m						
结构形式		框架 - 核心筒混合结构＋伸臂桁架						
酒店品牌								
避难层／设备层分布楼层及层高	楼层	15	31	45	60			
	层高（m）	4.2	4.8	3.8	5.5			
设计时间		2011 年 6 月						

B. 智能化机房和弱电间设置

	楼层	面积（m²）	主要用途	是否合用	备注
弱电进线间	地下一层	10	通信运营商和有线电视进线用	否	
通信运营商机房	地下一层	4×30	通信运营商		运营商机房
消防安保中心	首层	85	办公、商业及车库	是	
公寓消防安保分控室	31 层	50			
公寓通信及卫星电视机房	31 层	60			
弱电间	各层／分区	5 ~ 7	塔楼办公、公寓、商业、地下室		

注：是否合用是指消防控制室与安防监控中心或安防分控室的合用。

C. 智能化系统配置

系统名称	系统配置	备注
综合布线系统	布线类型：水平 6 类 UTP； 布点原则：办公 1/8 ~ 10m²，商业 1/50m²，酒店 5/ 间； 共计双孔信息点：2381 只	
通信系统	办公电信远端模块 4500 门；酒店程控电话交换机 600 门；公寓电信远端模块 400 门	
信息网络系统	系统架构：二层网络架构	
有线电视网络和卫星电视接收系统	系统型式：分配分支； 节目源：办公、商业为有线电视； 酒店为有线电视＋卫星电视； 共计电视终端：821 只	
信息导引及发布系统	系统型式：网络系统； 显示型式：液晶屏、LED 屏； 共计显示终端：若干	
广播系统	系统型式：数字系统； 系统功能：办公为业务广播、紧急广播； 商业、酒店为背景音乐、业务广播、紧急广播	
安全防范系统	入侵报警：双监探测器若干； 求助报警按钮若干	

C. 智能化系统配置

系统名称	系统配置	备注
安全防范系统	视频监控: 720P/1080P 摄像机共计 672 只	
	出入口控制: 办公通道闸机若干; 门禁读卡器若干	
	一卡通: 集成门禁、考勤、就餐等	
	电子巡查: 离线式	
	周界报警: 无	
无线对讲系统	分布式系统	
智能家居系统	无	
客控系统	网络型,管理终端 420 个	
停车库管理系统	车库道闸一进一出 4 套; 车位引导: 无; 反向寻车: 无	
智能化集成系统	集成消防、安防、无线对讲、设备监控、能耗、信息发布等	

弱电机房分布图：

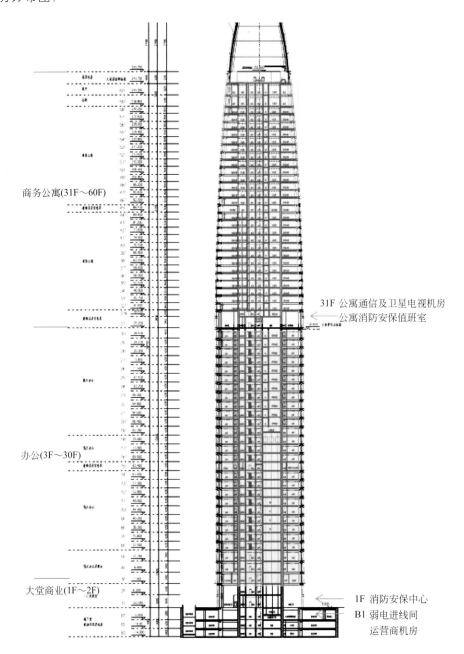

商务公寓(31F～60F)

超高层建筑智能化设计关键技术研究与实践

31F 公寓通信及卫星电视机房
公寓消防安保值班室

办公(3F～30F)

大堂商业(1F～2F)

1F 消防安保中心
B1 弱电进线间
运营商机房

9. 南昌绿地高新项目（南昌绿地紫峰大厦）

立面图

项目简介：

  项目地处南昌市的重要位置，地块南至紫阳大道，东至创新一路。作为南昌市高新区的标志性塔楼，设计不仅要考虑向外远眺的景色，还要考虑到高新科技区未来的商业核心区的重要作用。优越的地理位置为人们到达自然休闲区提供了良好的出入通行系统以及便捷的交通。

  绿地紫峰大厦是南昌市一个标志性和象征性的建筑，项目设计考虑了项目与城市以及周围环境之间的关系。塔楼到屋顶的高度为249.5m，到"花冠"顶部的高度为268m。包括一座56层的多用途塔楼、一座高达5层的裙楼以及地下两层的车库。

  建筑面积：约210963m²（地上、地下之和）。地上总面积为145583m²，地下总面积为65380m²。塔楼里的办公部分面积占68903m²，酒店部分占37271m²。商业零售面积39409m²。

  层数：地下2层，超高层塔楼地上56层，6F～37F为办公层，38F～55F为酒店，裙楼商业用房地上5层。

A. 项目概况

项目所在地		南昌				
建设单位		南昌绿地申新置业有限公司				
总建筑面积		210963m²				
建筑功能（包含）		办公、商业、酒店				
各分项面积及功能	塔楼	68903m²；办公				
		37271m²；酒店				
	裙房	39409m²；商业、酒店				
	地下室	65380m²；酒店后勤、车库、设备机房				
建筑高度		塔楼 268m、裙房 30.5m				
酒店品牌（酒店如有）		绿地铂瑞				
避难层 / 设备层分布楼层及层高	楼层	15	27	38	38M	52
	层高（m）	4.1	4.1	4.1	4.0	3.7
设计时间		2012 年				
竣工时间		2015 年				

B. 智能化机房和弱电间设置

	楼层	面积（m²）	主要用途	是否合用	备注
弱电进线间 1	地下一层	15	光纤、铜缆接入		
弱电进线间 2	地下一层	12	光纤、铜缆接入		
运营商机房	地下一层	4×30	办公、酒店、商业及车库		有线 + 无线通信
安防监控中心	首层	140	商业及车库	是	
安防分控室 1	地下一层	135	酒店	是	
安防分控室 2	地下一层	96	办公	是	
通信网络机房 1	地下一层	64	商业		
通信网络机房 2	地下一层	75	办公		
通信网络机房 3	40 层	125	酒店		
有线 & 卫星电视机房	屋顶层	30	酒店		
弱电间	B2 ~ 56 层	5.9 ~ 7.4	塔楼办公、酒店		
弱电间	B2 ~ 4 层	4.9 ~ 6.5	商业及车库		

注：是否合用是指消防控制室与安防监控中心或安防分控室的合用。

C. 智能化系统配置

系统名称	系统配置	备注
综合布线系统	布线类型：水平 6 类 UTP； 布点原则：办公 1.5/10m²，商业 1/50m²，酒店 5/ 间； 共计双孔信息点 5287 只、无线 AP：331 只	
通信系统	办公、商业及地下室：电信远端模块 4000 门； 酒店：程控电话交换机 800 门	
信息网络系统	系统架构：二层网络架构	

C. 智能化系统配置

系统名称	系统配置	备注
有线电视网络和卫星电视接收系统	系统型式：分配分支； 节目源：办公、商业为有线电视； 酒店为有线 + 卫星电视； 共计电视终端：589 只	
信息导引及发布系统	系统型式：网络系统； 显示型式：液晶屏、LED 屏； 共计显示终端：65 块	
广播系统	系统型式：数字系统； 系统功能：办公为业务广播、紧急广播； 商业、酒店为背景音乐、业务广播、紧急广播； 共计扬声器：3501 只	
安全防范系统	入侵报警：双监探测器 145 只； 求助报警按钮 240 只	
	视频监控：720P/1080P 摄像机共计 1028 只	
	出入口控制：办公通道闸机 9 台； 门禁读卡器 281 只	
	一卡通：集成门禁、考勤、就餐、借阅等	
	电子巡查：离线式，3 个巡更棒、220 点	
	周界报警：无	
无线对讲系统	分布式系统，对讲机 40 台、室内全向天线 160 只	
楼宇对讲系统	无	
智能家居系统	无	
酒店管理系统	网络型，管理终端 296 个	
停车库管理系统	车库道闸一进一出 3 套； 车位引导：超声波探测器 962 只； 反向寻车：无	
智能化集成系统	集成消防、安防、无线对讲、设备监控、能耗、信息发布等	

弱电机房分布图：

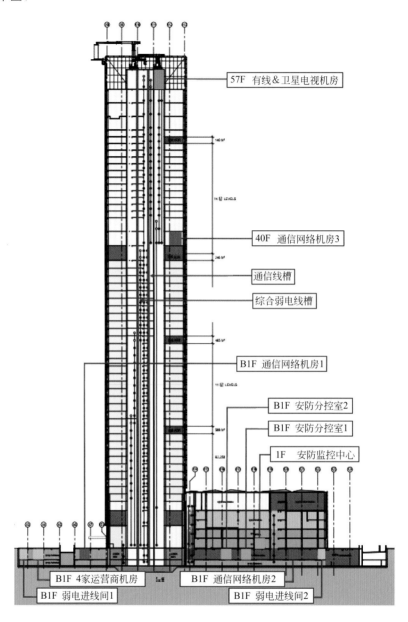

57F 有线&卫星电视机房

40F 通信网络机房3

通信线槽

综合弱电线槽

B1F 通信网络机房1

B1F 安防分控室2

B1F 安防分控室1

1F 安防监控中心

B1F 4家运营商机房

B1F 通信网络机房2

B1F 弱电进线间1

B1F 弱电进线间2

超高层建筑智能化设计关键技术研究与实践

10. 南京金鹰国际购物中心

立面图

项目简介:

工程建设用地位于南京市建邺区城市越江通道和城市主干道交叉口的东北角,总建筑裙房设置在超高层塔楼的底部,覆盖整个地块,超高层塔楼以"品"字按一定的距离关系布置于基地东北部位。在三栋超高层塔楼上部设置空中平台,整合成一个整体。项目建设用地面积50071.2m²,总建筑面积917907m²。其中地下216507m²,地上701400m²。

本工程为综合体,划分为六个部分:地下室4层;三栋超高层塔楼分别为:T1塔楼76层,高度为368.05m,T2塔楼68层,高度328.05m及T3塔楼60层,高度300.05m;T5为连接三个塔楼的空中平台(43~48层),商业裙房T4为9层(局部10层,高度59.5m),附建15层的斜楼板式地上汽车库(车库顶部两层配置电影放映厅,与商业的9层同一标高)。T1塔楼为办公、酒店综合体;T2、T3为办公;T4裙房功能为商业、停车及酒店配套、餐饮;T5空中平台从功能划分上属于酒店;设有四层地下室及局部夹层,作为地下商业、机动车和非机动车停车库、后勤用房、卸货区、设备用房以及人防掩蔽区。

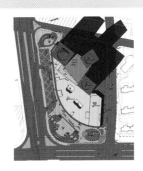

总平面图

A. 项目概况

项目所在地	南京			
建设单位	南京建邺金鹰置业有限公司			
总建筑面积	917907m²			
建筑功能（包含）	办公、商业、酒店、观光			
各分项面积及功能	T1 塔楼	175846.37m²；办公、酒店		
	T2 塔楼	103896.14m²；办公		
	T3 塔楼	87701.93m²；办公		
	T4 裙房	234157.31m²；商业		
	T5 空中平台	64078.62m²；酒店		
	地下室	252226.57m²；商业、酒店后勤、车库、功能机房		
建筑高度	T1 塔楼 368m、T2 塔楼 328m、T3 裙房 300m			
结构形式	框架 - 核心筒混合结构 +1 道伸臂桁架 +2 道环带桁架			
酒店品牌（酒店如有）	自管			
避难层 / 设备层分布楼层及层高	楼层	10	27	43	59
	层高（m）	4.3	4.3	8	4.3
设计时间	2013 年 5 月			
竣工时间				

B. 智能化机房和弱电间设置

	楼层	面积（m²）	主要用途	是否合用	备注
弱电进线间 1	地下一层	32			
弱电进线间 2	地下一层	100	兼做办公通信机房		
通信设施机房	地下一层	106			运营商机房
移动通信覆盖机房 1	地下一层	50	办公、商业及车库		
移动通信覆盖机房 2	地下一层	37	酒店		
安防监控中心	首层	85	办公、商业及车库	是	
安防分控室	首层	66	酒店	是	
通信网络机房 1	地下一层	113	酒店		
电视及音响机房	地下一层	47	酒店		
弱电间	B4 ~ 66 层	5 ~ 9.5	塔楼办公		裙房有 9 个弱电间
弱电间	B4 ~ 3 层	5.5	商业		
弱电间	B4 ~ 39 层	7.6	酒店		

注：是否合用是指消防控制室与安防监控中心或安防分控室的合用。

C. 智能化系统配置

系统名称	系统配置	备注
综合布线系统	布线类型：水平 6 类 UTP； 布点原则：办公 1.5/10m²，商业 1/50m²，酒店 5/ 间； 共计双孔信息点：11028 只、无线 AP：325 只	

C. 智能化系统配置

系统名称	系统配置	备注
通信系统	办公、商业及地下室：电信远端模块 13000 门； 酒店：程控电话交换机 1200 门	
信息网络系统	系统架构：二层网络架构	
有线电视网络和卫星电视接收系统	系统型式：分配分支； 节目源：办公、商业为有线电视； 酒店为有线＋卫星电视； 共计电视终端：523 只	
信息导引及发布系统	系统型式：网络系统； 显示型式：液晶屏、LED 屏； 共计显示终端：52 只	
广播系统	系统型式：数字系统； 系统功能：办公为业务广播、紧急广播； 商业、酒店为背景音乐、业务广播、紧急广播； 共计扬声器：3677 只	
安全防范系统	入侵报警：双监探测器 35 只； 求助报警按钮 192 只	
	视频监控：720P/1080P 摄像机共计 963 只	
	出入口控制：办公通道闸机 12 台； 门禁读卡器 45 只	
	一卡通：集成门禁、考勤、就餐、借阅等	
	电子巡查：离线式，4 个巡更棒、250 点	
	周界报警：	
无线对讲系统	分布式系统，对讲机 25 台、室内全向天线 250 只	
楼宇对讲系统	无	
智能家居系统	无	
酒店管理系统	网络型，管理终端 180 个	
停车库管理系统	车库道闸一进一出 3 套； 车位引导：超声波探测器 1376 只； 反向寻车：无	
智能化集成系统	集成消防、安防、无线对讲、设备监控、能耗、信息发布等	

弱电机房分布图:

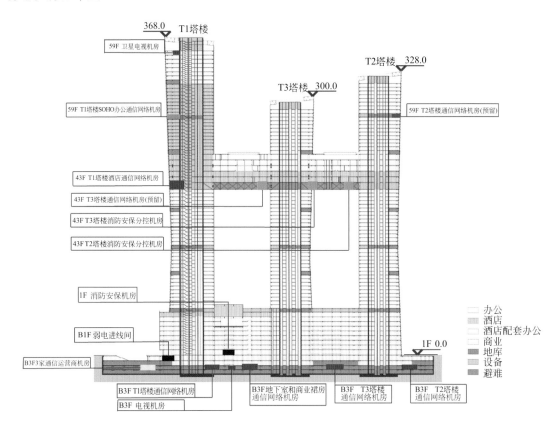

11. 深圳太子湾

立面图

项目简介：

　　本项目位于深圳南山区蛇口是前海蛇口自贸区重要成员；太子湾包含蛇口客运港及其周边一突堤，位于深圳市南山区的南端。本项目包括了甲级办公楼、五星级酒店、商业和观光功能。塔楼被规划为中央商务区内最高的建筑，高度为374m，将成为深圳南山及周边的地标性建筑。

　　本项目是以超高层塔楼和裙房组成的混合功能建筑工程。塔楼办公楼层位于5F～38F。酒店在塔楼的高区，位于40F～54F。观光层位于55F～ROOF。整体的设计围绕着深圳及太子湾独有的3个元素展开：自然，科技及开放多元的文化。未来的超高层将充分考虑空间与人的互动，塔楼坐落于一个联通，开放的花园裙房之上，更好地服务于越来越重视流动性、社会参与度和自我表达的新一代。

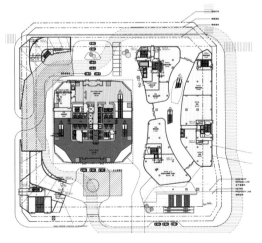

总平面图

A. 项目概况

项目所在地		深圳						
建设单位		商岸置业（深圳）有限公司						
总建筑面积		192000m²						
建筑功能（包含）		酒店、商业、办公						
各分项面积及功能	塔楼	81716m²；办公						
	塔楼	40284m²；酒店						
	塔楼	7000m²；观光						
	裙房	13047m²；商业、酒店配套						
	地下室	50053m²；商业、酒店后勤、车库、功能机房						
建筑高度		塔楼374m						
结构形式		框架-核心筒混合结构+1道伸臂桁架+2道环带桁架						
酒店品牌（酒店如有）		丽思卡尔顿						
避难层/设备层分布楼层及层高	楼层	4M	11	20	29	39	46	55
	层高（m）	4.8	5.6	4.8	5.6	5.6	4.8	5.6
设计时间		2020年5月						
竣工时间								

B. 智能化机房和弱电间设置

	楼层	面积（m²）	主要用途	是否合用	备注
弱电进线间1	地下一层	20	光纤、铜缆接入		
弱电进线间2	地下一层	10	光纤、铜缆接入		
通信设施机房	地下一层	56	办公、商业及车库		
运营商固网+无线机房	地下一层	75	办公、商业、车库及酒店		
安防监控中心	首层	122	办公、商业及车库	是	
酒店安防分控室	首层	92	酒店	是	
通信网络机房	46层	16	酒店		
电视及音响机房	46层	30	酒店	否	
弱电间	B5～39、57～59层	4.2～6.6	办公、商业及车库		裙房有2个弱电间
弱电间	B2、B1、1、3～4、40～54层	5.2	酒店		

注：是否合用是指消防控制室与安防监控中心或安防分控室的合用。

C. 智能化系统配置

系统名称	系统配置	备注
综合布线系统	布线类型：水平6类UTP； 布点原则：办公1.5/10m²，商业1/50m²，酒店5/间； 共计双孔信息点5028只；无线AP：165只	
通信系统	办公、商业及地下室：电信远端模块1000门； 酒店：程控电话交换机300门	
信息网络系统	系统架构：二层网络架构	

C.智能化系统配置

系统名称	系统配置	备注
有线电视网络和卫星电视接收系统	系统型式：分配分支； 节目源：办公、商业为有线电视； 酒店为有线＋卫星电视； 共计电视终端：413只	
信息导引及发布系统	系统型式：网络系统； 显示型式：液晶屏、LED屏； 共计显示终端：72只	
广播系统	系统型式：数字系统； 系统功能：办公为业务广播、紧急广播； 商业、酒店为背景音乐、业务广播、紧急广播； 共计扬声器：2800只	
安全防范系统	入侵报警：双监探测器40只； 求助报警按钮200	
	视频监控：1080P摄像机共计1000只	
	出入口控制：办公通道闸机12台； 门禁读卡器55只	
	一卡通：集成门禁、考勤、就餐、借阅等	
	电子巡查：离线式，4个巡更棒、250点	
	周界报警	
无线对讲系统	分布式系统，对讲机20台、室内全向天线200只	
楼宇对讲系统	无	
智能家居系统	无	
酒店管理系统	网络型，管理终端200个	
停车库管理系统	车库道闸一进一出3套； 车位引导：超声波探测器1300只； 反向寻车：无	
智能化集成系统	集成消防、安防、无线对讲、设备监控、能耗、信息发布等	

弱电机房分布图：

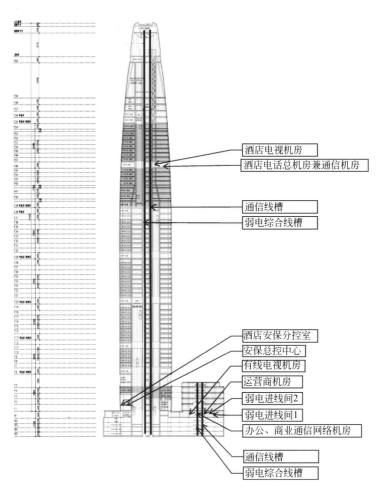

酒店电视机房
酒店电话总机房兼通信机房

通信线槽
弱电综合线槽

酒店安保分控室
安保总控中心
有线电视机房
运营商机房
弱电进线间2
弱电进线间1
办公、商业通信网络机房

通信线槽
弱电综合线槽

超高层建筑智能化设计关键技术研究与实践

12. 苏州东方之门

立面图

项目简介：

东方之门位于苏州工业园区CBD轴线的东端，东临星港街及金鸡湖，西面为园区管委会大楼及世纪金融大厦。由上海至苏州的轻铁线穿过本项目。本项目处于整个CBD发展区乃至工业园区的龙头位置。基地东为星港街，南面为小河，西面紧邻规划地块，北侧为城市绿带和城市道路。

总基地面积为24319m²。总建筑面积（包括地下部分）为454057.97m²，其中地上建筑面积340972.89m²，地下建筑面积为113085.08m²。项目将发展成一个综合性多功能的超大型单体公共建筑。主要功能是综合性商业、餐饮、观光、办公、酒店式公寓和五星级酒店。地下室用作商业、停车库和设备用房。

设计充分利用项目五星级酒店以及10万m²商场的优势使两者相辅相成，加之双塔之间步行景观带提供的空间，创造了一个苏州及金鸡湖地区新的娱乐及商业中心。

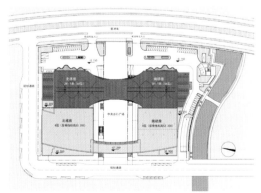

总平面图

A. 项目概况

项目所在地		苏州						
建设单位		苏州乾宁置业有限公司						
总建筑面积		454057.97m²						
建筑功能（包含）		办公、商业、酒店、公寓						
各分项面积及功能	北、南塔楼	237265.14m²；办公、酒店和公寓						
	裙房	103707.75m²；商业						
	地下室	113085.08m²；商业、酒店后勤、车库						
建筑高度		281.1m						
结构形式		钢筋混凝土核心筒和钢骨混凝土框架柱加钢梁的混合结构受力体系						
酒店品牌（酒店如有）								
避难层/设备层分布楼层及层高	楼层	北楼	9F以下	RF1	10～23	RF2	24～37	RF3	38～51
	层高（m）		4.5	5.5	4.0	5.5	4.0	5.5	3.35
	楼层	RF4	52F以上	南楼	9F以下	RF1	10～26	RF2	27～43
	层高（m）	5.5	3.6		4.5	5.5	3.3	5.5	3.3
	楼层	RF3	44～57	RF4	58F以上				
	层高（m）	5.5	3.35	5.5	3.6				
设计时间		2005～2016年						
竣工时间		2017年4月						

B. 智能化机房和弱电间设置

	楼层	面积（m²）	主要用途	是否合用	备注
弱电进线间1	地下一层	16	南塔楼		
无线覆盖机房	地下一层	33	南塔楼		
有线电视机房（公寓）	地下一层	21	南塔楼		
电信总机房	地下二层	340	南塔楼		
安防机房（公寓）	地下二层	44	南塔楼		
弱电进线间2	地下一层	12	北塔楼		兼有线电视机房
消防/安防/BA总机房	地下一层	178	北塔楼		
无线覆盖机房	地下一层	27	北塔楼		
电信机房（公寓A-D）	RF1、RF2、RF3及RF4	73	南塔楼		
卫星机房（酒店）	L6	44	北塔楼		
卫星机房（公寓）	L6	11	南塔楼		
电信机房（办公A-C）	RF1、RF2及RF3	58	北塔楼		
电信机房（酒店）	RF4	78	北塔楼		
安防/广播机房（酒店）	RF4	135	北塔楼		
弱电间	10～37层	5～7	办公		
弱电间	38～66层	5.5～8	酒店		
弱电间	10～66层	6	公寓		

注：是否合用是指消防控制室与安防监控中心或安防分控室的合用。

C. 智能化系统配置

系统名称	系统配置	备注
综合布线系统	布线类型：水平 6 类 UTP； 布点原则：办公 1.5/10m²，商业 1/50m²，酒店 5/ 间； 共计：双孔信息点：4556 只、单孔信息点：1143 只、酒店双孔信息点：409 只、公寓信息箱 405 只	
通信系统	办公、商业及地下室：总配线 8000 对； 酒店：程控电话交换机 800 门	
信息网络系统	系统架构：二层网络架构	
有线电视网络和卫星电视接收系统	系统型式：分配分支； 节目源：办公、商业为苏州有线电视； 酒店为苏州有线 + 卫星电视； 共计电视终端：办公商业 1524 只、酒店 484 只、公寓 405 只	卫星天线 2 幅
信息导引及发布系统	系统型式：网络系统； 显示型式：液晶屏、LED 屏； 共计显示终端：80 只	
广播系统	系统型式：数字系统； 系统功能：办公为业务广播、紧急广播； 商业、酒店为背景音乐、业务广播、紧急广播； 共计扬声器：吸顶扬声器 2517 只、壁挂扬声器 1648 只	
安全防范系统	入侵报警：声光报警器 50 只； 求助报警按钮 910 只	
	视频监控：720P/1080P 摄像机共计 480 只； 酒店摄像机：171 只	
	出入口控制：办公通道闸机 12 台； 门禁读卡器 131 只	
	一卡通：集成门禁、考勤、就餐、借阅等	
	电子巡查：离线式，20 个巡更棒、巡更点 1 批	
	周界报警：	
无线对讲系统	分布式系统，对讲机 1 批、室内全向天线 1 批	
智能家居系统	门口机 6 台、智能终端 405 台、抄表器 405 台（水、电、能耗）	
酒店管理系统	网络型，管理终端 180 个	
停车库管理系统	车库道闸一进一出 4 套； 车位引导及反向寻车	
智能化集成系统	集成消防、安防、无线对讲、设备监控、能耗、信息发布等	

弱电机房分布图：

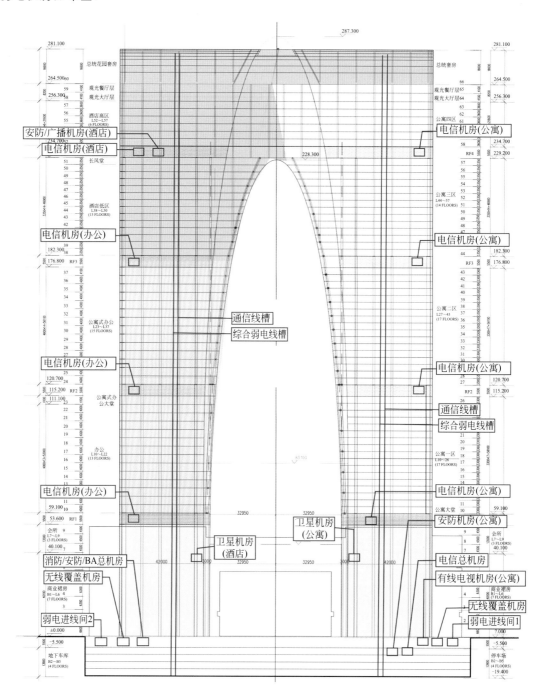

13. 苏州国际金融中心

立面图

项目简介:

苏州国际金融中心超高层项目位于苏州工业园区苏州大道东409号，思安街以西、苏州大道东以南，时韵街以东，地处苏州自贸区金鸡湖商贸区湖东CBD核心区，为苏州第一高楼。总建筑面积为382980.20m²。项目由T1、T2、T3三栋塔楼及地下室组成，其中：T1塔楼共91层、总高450m（屋面高度为414.90m），由办公、公寓、酒店和配套设备用房组成。T2塔楼共13层、屋面高度为55.65m，为办公业态。T3塔楼共12层、屋面高度为55.65m，由办公和首层商业组成。地下室共4层和1个地下夹层，由设备用房、停车库及配套后勤用房组成。本工程地上建筑耐火等级为一级，地下室耐火等级为一级。

T1-超高层塔楼1
用途：办公、酒店与公寓
层数：地上91层
楼高：屋面结构标高414.9m
（女儿墙顶部标高450m）

T2-板式高层裙房2
用途：办公
层数：地上13层
楼高：屋面结构标高55.650m

T3-独立高层3
用途：办公、商业
层数：地上12层
楼高：结构标高55.650m

地下室-4
用途：设备机房、停车库、人防区及配套用房
层数：地下4层+1个地下夹层

总平面图

A. 项目概况

项目所在地	苏州工业园区			
建设单位	香港九龙仓集团控股的苏州高龙房产发展有限公司			
总建筑面积	382980.20m²			
建筑功能（包含）	办公、商业、酒店、公寓			
各分项面积及功能	T1 塔楼	257538.49m²；办公、公寓、酒店		
	T2 塔楼	16953.94m²；办公、商业		
	T3 塔楼	41595.32m²；办公		
	地下室	82785m²；机房、酒店后勤、车库		
建筑高度	T1 塔楼 450m、T2 塔楼 55.85m、T3 塔楼 55.65m			
结构形式	核心筒 + 钢骨柱 + 外伸臂桁架 + 环带桁架 + 外围斜撑			
酒店品牌（酒店如有）	九龙仓			
避难层 / 设备层分布楼层及层高	楼层	13	45	63	76
	层高（m）	6.3	6.3	5.5	5.5
设计时间	2012 年 4 月			
竣工时间	2020 年 4 月			

B. 智能化机房和弱电间设置

	楼层	面积（m²）	主要用途	是否合用	备注
电信进线机房	地下一夹层	41.2			兼运营商机房
电信进线机房	地下一夹层	16.2			兼运营商机房
移动进线机房	地下一夹层	24.1			兼运营商机房
无线覆盖机房	地下一夹层	30.6			
安防监控中心	地下一夹层	48.2	办公、酒店	是	
安防监控中心	地下一夹层	111	公寓	是	
T3 安防监控中心	地下一夹层	66	办公	是	
通信网络机房	地下一层	15.3	办公、公寓		
通信网络机房	地下一层	18.5	酒店		
卫星、有线电视机房	地下一夹层	29.2			
弱电间	B4 ~ 92 层	4.6 ~ 6	酒店、公寓		地下室有 6 个弱电间
弱电间	B4 ~ 13 层	10.9	酒店式公寓		
弱电间	B4 ~ 12 层	5.5	办公		

注：是否合用是指消防控制室与安防监控中心或安防分控室的合用。

C. 智能化系统配置

系统名称	系统配置	备注
综合布线系统	布线类型：办公水平 6 类 UTP，公寓及地下室超 5 类 UTP； 布点原则：办公 2/10m²，酒店 5/ 间共计双孔信息点：6212 只，无线 AP：750 只； 公寓为光纤入户	
通信系统	办公、商业及地下室：电信远端模块 9000 门； 酒店：程控电话交换机 1000 门	

超高层建筑智能化设计关键技术研究与实践

C. 智能化系统配置

系统名称	系统配置	备注
信息网络系统	系统架构：二层网络架构	
有线电视网络和卫星电视接收系统	系统型式：分配分支； 节目源：公寓为有线电视； 酒店为有线电视 + 卫星电视； 共计电视终端：552 只	
信息导引及发布系统	系统型式：网络系统； 显示型式：液晶屏、LED 屏； 共计显示终端：8 只	
广播系统	系统型式：数字系统； 系统功能：办公为业务广播、紧急广播； 商业、酒店为背景音乐、业务广播、紧急广播； 共计扬声器：3628 只	
安全防范系统	入侵报警：双监探测器 20 只； 求助报警按钮 1711 只	
	视频监控：720P/1080P 摄像机共计 963 只	
	出入口控制：办公通道闸机 12 台； 门禁读卡器 45 只	
	一卡通：集成门禁、考勤、就餐、借阅等	
	电子巡查：离线式，4 个巡更棒、413 点	
	周界报警：	
无线对讲系统	分布式系统，对讲机 30 台、室内全向天线 1030 只	
楼宇对讲系统	网络型，管理终端 500 个	
智能家居系统	无	
酒店管理系统	网络型，管理终端 400 个	
停车库管理系统	车库道闸一进一出 6 套； 车位引导：无； 反向寻车：无	
智能化集成系统	集成消防、安防、无线对讲、设备监控、能耗、信息发布等	

弱电机房分布图:

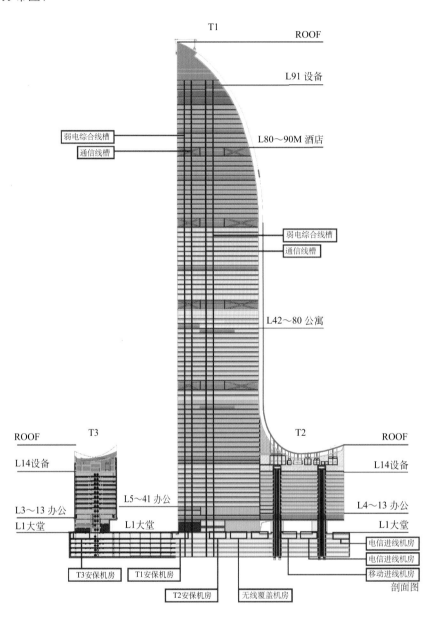

T1

ROOF

L91 设备

弱电综合线槽

通信线槽

L80～90M 酒店

弱电综合线槽

通信线槽

L42～80 公寓

ROOF　　　T3

ROOF

L14设备

L14设备

L3～13 办公

L5～41 办公

L4～13 办公

L1大堂

L1大堂

L1大堂

电信进线机房

电信进线机房

移动进线机房

T3安保机房　　T1安保机房

T2安保机房　　无线覆盖机房

剖面图

14. 天津117大厦

立面图

项目简介：

　　本项目位于天津市中心城区西南部，外环线绿化带外侧，与发展中的第三高教区相邻，是天津新技术产业园区的重要组成部分。项目采用传统中国城市规划的原则，以近似对称的布局，加强城市的感受。在以117办公楼为核心的开发项目中，对称布局充分体现出这个117层超高建筑的雄伟壮观的体量。

　　117办公楼约600m高，坐落在南北中轴线上，前后（南北）为两个公共广场，为这个雄伟庄严的塔楼提供了尺度适宜的过渡空间。东西两侧是约40m宽的二层高商业廊。最北面是总部办公楼E，与117办公楼在同一中轴线上，比117办公楼稍宽阔，总共37层，明显较低。在传统风水的观念中，它作为靠山，封闭并限定了用地的北界线。南广场面对主要的公共交通要道海泰东西大街，大街红线也同时为一期的南边界线。

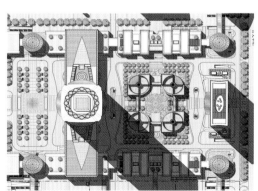

总平面图

A. 项目概况

项目所在地		天津						
建设单位		天津海泰新星房地产开发有限公司						
总建筑面积		497156m²						
建筑功能（包含）		办公、商业、酒店						
各分项面积及功能	117 塔楼酒店	85975m²；						
	117 塔楼办公	72000m²；						
	E 楼办公	72000m²；						
	裙房	55146m²；商业						
	地下室	342572m²；商业、酒店后勤、车库						
建筑高度		117 塔楼 598m、E 楼 182m、裙房 22.7m						
结构形式		核心筒＋钢骨柱＋外伸臂桁架＋环带桁架＋外围斜撑						
酒店品牌（酒店如有）		未定						
避难层/设备层分布楼层及层高	楼层	L4M	L6	L18	L31	L31M	L32	L32M	L47
	层高（m）	5.4	5.0	5.0	6.31	4.69	4.32	6.0	5.0
	楼层	L62	L62M	L63	L63M	L78	L93	L93M	L105
	层高（m）	6.31	4.69	6.32	6.0	5.0	6.31	4.69	5.0
	楼层	L114M2	L115M	L117M	屋顶机房				
	层高（m）	3.9	4.25	3.95	5.0				
设计时间		2014 年 5 月						
竣工时间								

B. 智能化机房和弱电间设置

	楼层	面积（m²）	主要用途	是否合用	备注
电视机房	地下一层	27			
弱电进线间	地下一层	17			
运营商机房	地下一层	65			
酒店信息机房	地下一层	67			
酒店安保中心	地下一层	62			
117 办公安防监控中心	地下一层	69			
117 办公信息机房	地下一层	63			
商业安保中心	地下一层	70			
商业信息中心	地下一层	60			
总部办公安保中心	地下一层	67			
总部办公信息中心	地下一层	55			
酒店卫星电视机房	四层	28			
商业弱电间	B1～3 层	4.5			地下室有 26 个弱电间

B. 智能化机房和弱电间设置

	楼层	面积（m²）	主要用途	是否合用	备注
办公弱电间	B3 ~ 92 层	5			
酒店弱电间	B1 ~ 屋顶层	5			

注：是否合用是指消防控制室与安防监控中心或安防分控室的合用。

C. 智能化系统配置

系统名称	系统配置	备注
综合布线系统	布线类型：水平 6 类 UTP； 布点原则：办公 1.5/10m²，商业 1/50m²，酒店 5/ 间； 共计信息点 3912 只，无线 AP：92 只	
通信系统	办公、商业及地下室：电信远端模块 13000 门； 酒店：程控电话交换机 1200 门	
信息网络系统	系统架构：二层网络架构	
有线电视网络和卫星电视接收系统	系统型式：分配分支； 节目源：办公、商业为有线电视； 酒店为有线 + 卫星电视； 共计电视终端 523 只	
信息导引及发布系统	系统型式：网络系统； 显示型式：液晶屏、LED 屏； 共计显示终端：276 只，2 套 260m² 大屏	
广播系统	系统型式：数字系统； 系统功能：办公为业务广播、紧急广播； 商业、酒店为背景音乐、业务广播、紧急广播； 共计扬声器：2800 只	
安全防范系统	入侵报警：双监探测器 1081 只； 求助报警按钮 579 只，门磁 474 只	
	视频监控：720P/1080P 摄像机共计 2682 只	
	出入口控制：办公通道闸机 50 套，2 套访客设备，门禁读卡器 2823 只，3 套自动钥匙设备	
	一卡通：集成门禁、考勤、就餐、借阅等	
	电子巡查：离线式，4 个巡更棒、250 点	
	紧急对讲系统：202 套子机	
无线对讲系统	分布式系统，对讲机 300 台、室内全向天线 3827 只	
远程抄表系统	67 套	
酒店管理系统	网络型，管理终端 180 个	
停车库管理系统	车库道闸一进一出 8 套； 车位引导：超声波探测器 3503 只； 反向寻车：有	
智能化集成系统	集成消防、安防、无线对讲、设备监控、能耗、信息发布等	

弱电机房分布图：

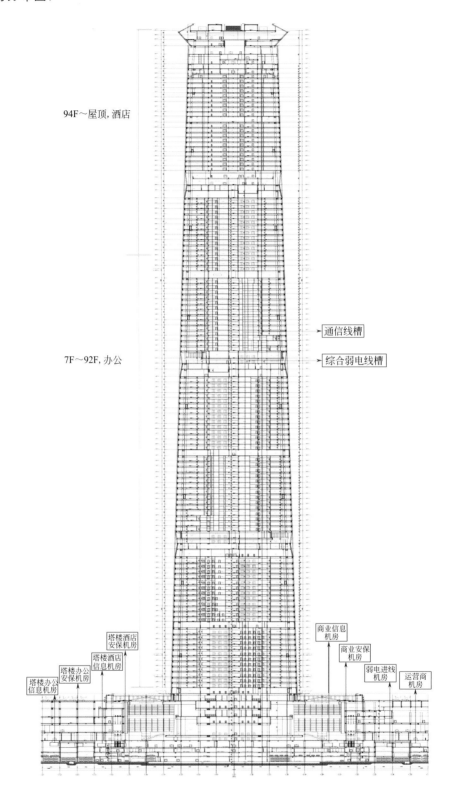

94F～屋顶, 酒店

通信线槽

7F～92F, 办公

综合弱电线槽

塔楼酒店安保机房

塔楼酒店信息机房

塔楼办公安保机房

塔楼办公信息机房

商业信息机房

商业安保机房

弱电进线机房

运营商机房

超高层建筑智能化设计关键技术研究与实践

15. 天津富力响螺湾

立面图

项目简介：

本项目位于天津市滨海新区，包括甲级办公楼、五星级酒店、商业和出售公寓，将成为天津及天津周边的地标性建筑。

本项目是以超高层塔楼和裙房组成的混合功能建筑工程。地下共规划了四层空间，提供机动车车库、设备机房、卸货平台和酒店后勤设施之用。塔楼总高388m。塔楼中低被分成四个办公楼层区域，127452m²建筑面积的甲级写字空间，位于7F～49F。酒店占用塔楼的高区，418间客房，首层的入口与53层的酒店大堂有穿梭升降机直接相连。酒店配套设施，比如餐厅、水疗、健身房、纤体中心。游泳池等位于51F～53F。酒店客房位于56F～73F，每层为22间客房，总共提供418间客房。其他的配套设施，比如会议，餐饮和宴会厅则位于塔楼的裙房层。公寓占据塔楼的顶端部分，位于77F～92F，共16层。标准公寓层每层共有4户单元，在最顶部3层则设有5户超大公寓单元。共设有57户公寓。

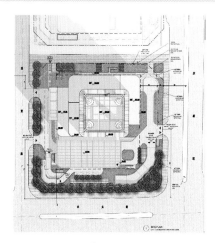

总平面图

A. 项目概况

项目所在地		天津					
建设单位		天津富力滨海投资有限公司					
总建筑面积		291366m²					
建筑功能（包含）		酒店、商业、办公、公寓					
各分项面积及功能	塔楼	127452m²；办公					
	塔楼	47579m²；酒店					
	塔楼	27888m²；公寓					
	裙房	22304m²；商业、酒店配套					
	地下室	39953m²；商业、酒店后勤、车库、功能机房					
建筑高度		塔楼 388m					
结构形式		框架 - 核心筒混合结构 +1 道伸臂桁架 +2 道环带桁架					
酒店品牌（酒店如有）		凯悦					
避难层 / 设备层分布楼层及层高	楼层	12	28	39	50	56	77
	层高（m）	7	9.8	7	5.6	5.6	5.6
设计时间		2012 年 5 月					
竣工时间							

B. 智能化机房和弱电间设置

	楼层	面积（m²）	主要用途	是否合用	备注
弱电进线间	地下一层	15			
通信设施机房	地下一层	100			运营商机房
消防安保中心	地下一层	164	办公、商业及车库	是	
酒店电信机房	地下一层	62	酒店	是	
办公运营商机房	28 层	32×3	办公		三家运营商
酒店弱电分控	53 层	131	酒店		
公寓弱电分控	77 层	34	公寓		
电视及音响机房	93 层	26	酒店		
弱电间	每层	5 ~ 6	塔楼办公		
弱电间	每分区	5.5	地下室		

注：是否合用是指消防控制室与安防监控中心或安防分控室的合用。

C. 智能化系统配置

系统名称	系统配置	备注
综合布线系统	布线类型：水平 6 类 UTP； 布点原则：办公 1.5/10m²，商业 1/50m²，酒店 5/ 间； 共计双孔信息点：657 只，无线 AP：124 只	
通信系统	办公、商业及地下室：电信远端模块 900 门； 酒店：程控电话交换机 1000 门	
信息网络系统	系统架构：二层网络架构	

C. 智能化系统配置

系统名称	系统配置	备注
有线电视网络和卫星电视接收系统	系统型式：分配分支； 节目源：办公、商业为有线电视； 酒店为有线＋卫星电视； 共计电视终端：423 只	
信息导引及发布系统	系统型式：网络系统； 显示型式：液晶屏、LED 屏； 共计显示终端：32 只	
广播系统	系统型式：数字系统； 系统功能：办公为业务广播、紧急广播； 商业、酒店为背景音乐、业务广播、紧急广播； 共计扬声器：2645 只	
安全防范系统	入侵报警：双监探测器 41 只； 求助报警按钮 98 只	
	视频监控：720P/1080P 摄像机共计 812 只	
	出入口控制：办公通道闸机 10 台； 门禁读卡器 33 只	
	一卡通：集成门禁、考勤、就餐、借阅等	
	电子巡查：离线式，8 个巡更棒、200 点	
	周界报警：	
无线对讲系统	分布式系统，对讲机 30 台、室内全向天线 270 只	
楼宇对讲系统	可视对讲 57 套	
智能家居系统	57 套	
酒店管理系统	网络型，管理终端 240 个	
停车库管理系统	车库道闸一进一出 3 套； 车位引导：超声波探测器 1123 只； 反向寻车：寻车终端 8 台	
智能化集成系统	集成消防、安防、无线对讲、设备监控、能耗、信息发布等	

弱电机房分布图：

超高层建筑智能化设计关键技术研究与实践

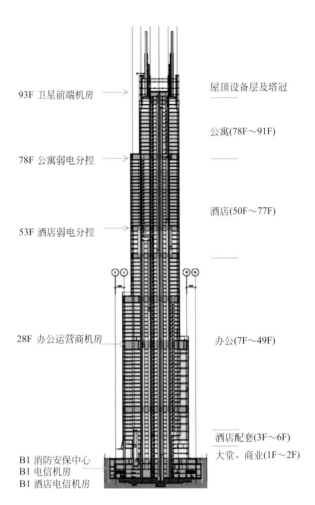

93F 卫星前端机房　　　　　　　　　　屋顶设备层及塔冠

　　　　　　　　　　　　　　　　　　　公寓(78F～91F)

78F 公寓弱电分控

　　　　　　　　　　　　　　　　　　　酒店(50F～77F)

53F 酒店弱电分控

28F 办公运营商机房　　　　　　　　　　办公(7F～49F)

　　　　　　　　　　　　　　　　　　　酒店配套(3F～6F)
　　　　　　　　　　　　　　　　　　　大堂、商业(1F～2F)

B1 消防安保中心
B1 电信机房
B1 酒店电信机房

16. 武汉绿地中心

立面图

项目简介：

  武汉绿地国际金融城A01-1项目位于武昌滨江商务区，基地的用地总面积约14494m²,地面以上由一栋超高层主塔楼（1号楼）和商业及副楼综合体（2#~4#楼）组成,地下室连为一个整体。

  主塔楼475m（原规划：主塔楼高636m，地上120层），包含5F~62F总面积约202430m²的办公空间、66F~85F总面积约为59455m²的Soho办公空间、87F~120F总面积约为61396m²的酒店及其配套设施区域。该塔楼设有五层地下室，包括设备用房，卸货区、车库、酒店后勤服务用房，另有用于自行车停放的夹层空间。避难层（避难区）设置在1MF、13F、23F、33F、45F、55F、65F、75F、86F共9个（原规划有：101F及116F，共计11个）。

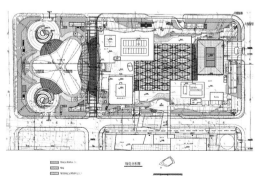

总平面图

A. 项目概况

项目所在地	武汉							
建设单位	武汉绿地滨江置业有限公司							
总建筑面积	312303.95m²							
建筑功能（包含）	办公、商业、酒店、公寓							
各分项面积及功能	塔楼	312303.95m²；商务办公、公寓、五星级酒店						
	裙房	另外子项目						
	地下室	另外子项目						
建筑高度	塔楼 475m							
结构形式	框架 - 核心筒混合结构							
酒店品牌（酒店如有）								
避难层 / 设备层分布楼层及层高	楼层	1M	4	13	23	33	36	45	55
	层高（m）	4.5	4.5	4.5	4.5	4.5	3.5	4.5	4.5
	楼层	65	75	86				
	层高（m）	5.34	4	4				
设计时间	2014 年 12 月							
竣工时间								

B. 智能化机房和弱电间设置

	楼层	面积（m²）	主要用途	是否合用	备注
弱电进线间 1	地下一夹层	14			
弱电进线间 2	地下一夹层	14			
移动通信覆盖机房 1	地下一夹层	43			
安防监控中心	地下一夹层	101	总控	否	
移动通信覆盖机房 2	地上一夹层	35	办公		
有线电视机房	地上一夹层	26	办公		
消防安保控制机房	地上一夹层	66	办公		
网络通信机房	3 层	87	办公		
通信网络机房	86 层	62	酒店		
无线网覆盖机房	86 层	75	酒店		
电视映像控制机房	86 层	20	酒店		
消防安防分控室	86 层	54	酒店	是	
通信网络机房	65 层	42	SOHS 办公		
移动通信覆盖机房	65 层	55	SOHS 办公		
有线电视机房	65 层	36	SOHS 办公		
安防分控中心	65 层	50	SOHS 办公		
弱电间	B5 ～ B1M 层	5 ～ 8	地下室		地下室 3 个弱电间

B. 智能化机房和弱电间设置

	楼层	面积（m²）	主要用途	是否合用	备注
弱电间	B4 ～ 66 层	16	塔楼办公		
弱电间	B4 ～ 3 层	16	公寓		
弱电间	B4 ～ 39 层	6.3	酒店		

注：是否合用是指消防控制室与安防监控中心或安防分控室的合用。

C. 智能化系统配置

系统名称	系统配置	备注
综合布线系统	布线类型：水平 6 类 UTP； 布点原则：办公 1.5/10m²，SOHO 办公 1.5/10m²，酒店 5/ 间； 共计：双孔信息点：12504 只，单孔信息点：1205 只，无线 AP：685 只，信息配线箱 408 只	
通信系统	办公、商业及地下室：电信远端模块 5000 门； Soho 办公：电信远端模块 100 门； 酒店：程控电话交换机 500 门	
信息网络系统	系统架构：二层网络架构	
有线电视网络和卫星电视接收系统	系统型式：分配分支； 节目源：办公、Soho 办公、商业为武汉市有线电视； 酒店为武汉市有线电视 + 卫星电视； 共计电视终端：1787 只	卫星天线设置在副楼裙楼屋顶
信息导引及发布系统	系统型式：网络系统； 显示型式：液晶屏、LED 屏； 共计显示终端：52 只	
广播系统	系统型式：数字系统； 系统功能：办公、Soho 办公为业务广播、紧急广播； 商业、酒店为背景音乐、业务广播、紧急广播； 共计扬声器：吸顶扬声器 2980 只、壁挂音箱 1660 只、客房应急扬声器 145 只	
安全防范系统	入侵报警：双监探测器 73 只； 求助报警按钮 189 只	
	视频监控：720P/1080P 摄像机共计 1050 只	
	出入口控制：办公通道闸机 12 台； 门禁读卡器 361 只	
	一卡通：集成门禁、考勤、就餐、借阅等	
	电子巡查：离线式，4 个巡更棒、305 点	
	周界报警	
无线对讲系统	分布式系统，对讲机 25 台、室内全向天线 250 只	
楼宇对讲系统	门口机 2 只、对讲分机 215 只	
酒店管理系统	网络型，管理终端 133 个	
停车库管理系统	车库道闸一进一出 3 套； 设有车位引导和反向寻车	
智能化集成系统	集成消防、安防、无线对讲、设备监控、能耗、信息发布等	

弱电机房分布图:

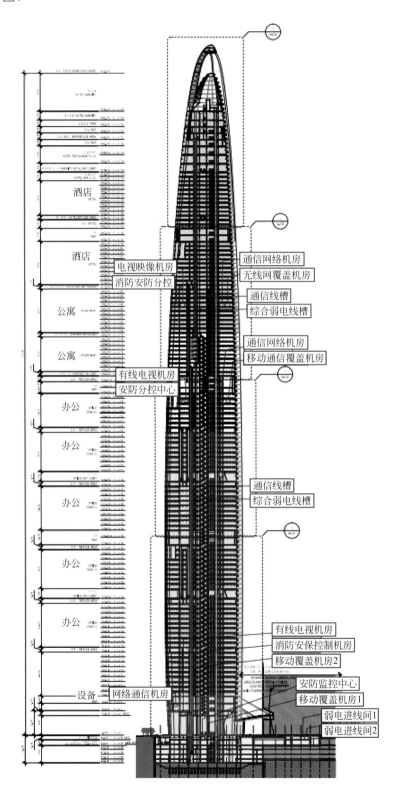

17. 张江中区57地块

立面图

项目简介:

　　项目位于上海张江科学城北部的城市副中心的核心区,核心区内的57-01地块,使用性质为"商业服务业用地、商务办公用地"综合。项目包括1号办公塔楼、2号商业楼、3号商业楼及其配套的地下停车库与设备机房。

　　项目规模:用地面积17252m²,总建筑面积271423m²(含57-02地下及城市隧道面积)。1号塔楼地上59层(320m),2号商业楼地上3层(24m),3号商业楼地上4层(24m),地下室3层。

　　整个项目包括:一栋主塔,高320m。商业楼,高24m。商业裙房,高24m。三层地下空间。57-01地块地下空间与56-01地块、57-02地块(绿地)地下空间整体开发,综合利用;并与58地块与卓闻路隧道连通。地下室共3层。地下一层主要为商业、办公大堂、卸货区、机动车库及设备用房;地下二、三层为机动车库及设备用房。非机动车库设置在地下夹层及地下一层。

　　办公塔楼共59层,分为六个区,分别是一区3F~9F,二区11F~19F,三区21F~29F,四区31F~39F,五区43F~48F,六区50F~59F。首层大堂挑空2层;另外设有1个空中大堂,位于41F、42F。塔楼设置5个避难兼设备层,分别是10F、20F、30F、40F、49F。塔楼屋面设直升机停机坪。

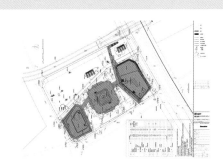

总平面图

A. 项目概况

项目所在地		上海浦东新区张江科学城							
建设单位		陆家嘴集团上海翌久置业有限公司							
总建筑面积		271423.55m²							
建筑功能（包含）		办公、商业							
各分项面积及功能	T1 塔楼	174578.1m²；办公							
	T2 塔楼	7600m²；商业							
	T3 塔楼	12030m²；商业							
	地下室	71945m²；商业、车库							
建筑高度		T1 塔楼 320m、T2 塔楼 24m、T3 塔楼 24m							
结构形式		框架 - 核心筒结构体系							
酒店品牌（酒店如有）		无							
避难层 / 设备层分布楼层及层高	楼层	1	2	9	10	19	20	29	30
	层高（m）	7	7	6	6	6	6	6	6
	楼层	39	40	41	42	48	49	58	59
	层高（m）	6	6	7.9	7.6	6	6	6	9
	楼层	RF	机房层	机房屋面					
	层高（m）	4.5	7	10.350					
设计时间		2019 年 4 月							
竣工时间									

B. 智能化机房和弱电间设置

	楼层	面积（m²）	主要用途	是否合用	备注
弱电进线间 1	地下一层	17			
弱电进线间 2	地下一层	15			
通信设施机房 1	地下一层	20			中国电信
通信设施机房 2	49 层	10			中国电信
通信设施机房 3	地下一层	20			中国移动
通信设施机房 4	49 层	10			中国移动
通信设施机房 5	地下一层	20			中国联通
移动通信覆盖机房 1	地下一层	30			
移动通信覆盖机房 2	49 层	20			
安防监控中心 1	首层	73	办公及车库		
安防监控中心 2	首层	60	商业		
弱电间	B3 ~ 59 层	10.9	塔楼办公		地下室有 11 个弱电间
弱电间	B3 ~ 3 层	10 ~ 13	2 号商业楼		2 层以上分成两个弱电间
弱电间	B4 ~ 4 层	7.3 ~ 11.2	3 号商业办公楼		

注：是否合用是指消防控制室与安防监控中心或安防分控室的合用。

C. 智能化系统配置

系统名称	系统配置	备注
综合布线系统	布线类型：水平 6 类 UTP；垂直三类大对数语音传输，万兆单模光纤数据传输； 布点原则： 办公：采用 PON 系统； 商业： 商户每个单位配置一个信息箱，外接 2 根 2 芯单模光纤 3 根网线（网络、POS、报警）； 后勤办公、物业管理用房：1 个双口插座 /10m² （1 个数据 1 个语音）； 大堂前台（客户服务）：8 个双口数据； 共计双孔信息点：11028 只、无线 AP：325 只	
通信系统	办公及地下室：程控电话交换机 400 门； 商业：程控电话交换机 200 门	
信息网络系统	系统架构：二层网络架构	
卫星通信及电视系统	系统型式：FDMA； 卫星节目源：亚太六号	
信息导引及发布系统	系统型式：网络系统； 显示型式：液晶屏、LED 屏； 共计显示终端：30 只	
广播系统	系统型式：数字系统； 系统功能：办公为业务广播、紧急广播； 商业为背景音乐、业务广播、紧急广播； 共计扬声器：921 只	
安全防范系统	入侵报警：双监探测器 118 只； 求助报警按钮 15 只	
	视频监控：720P/1080P 摄像机共计 978 只	
	出入口控制：办公通道闸机 10 台； 门禁读卡器 146 只	
	一卡通：集成门禁、考勤、就餐、借阅等	
	电子巡查：离线式，4 个巡更棒、161 点	
	周界报警：越界智能分析	
无线对讲系统	分布式系统，对讲机 20 台、室内全向天线 152 只	
停车库管理系统	车库道闸一进一出 4 套； 车位引导：车辆检测摄像机 645 只； 反向寻车：有	
智能化集成系统	集成消防、安防、无线对讲、设备监控、能耗、信息发布等	

弱电机房分布图：

超高层建筑智能化设计关键技术研究与实践

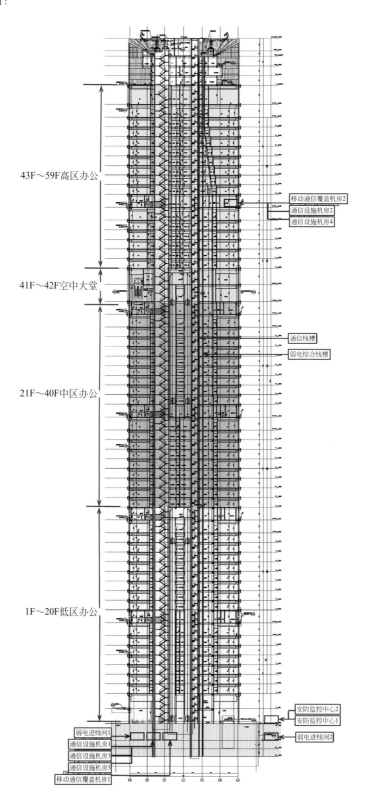

43F～59F高区办公

移动通信覆盖机房2
通信设施机房2
通信设施机房4

41F～42F空中大堂

通信线槽
弱电综合线槽

21F～40F中区办公

1F～20F低区办公

安防监控中心2
安防监控中心1

弱电进线间1
通信设施机房1
通信设施机房3
通信设施机房5
移动通信覆盖机房1

弱电进线间2

18. 智能电网科研中心

立面图

项目简介：

　　本项目地处北京市朝阳区东四环与建国路交汇处。建筑性质：超高层办公、商业和酒店公寓综合体。裙房：地上8层，商业、办公、酒店；地下室：地下5层，B1～B2F地下商业、酒店后勤用房，其余为停车库和设备用房；西塔楼：共52层，办公；设备及避难层：9F、24F、39F；东塔楼：共65层，酒店及公寓；客房数706套，公寓数188套。设备及避难层：9F、23F、36F、49F、58F；建筑面积：总约50.9万m²；其中地上：约30.0万m²；地下：约20.9万m²；建筑高度：西塔楼245.2m左右；东塔楼280.6m左右；裙房37.2m左右。

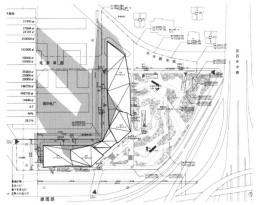

总平面图

A. 项目概况

项目所在地		北京市				
建设单位		华电网有限公司				
总建筑面积		522000.05m²				
建筑功能（包含）		办公、商业、酒店、酒店公寓				
各分项面积及功能	东塔塔楼	122623.49m²；5 星酒店和酒店公寓。客房数 706 套，公寓数 188 套				
	西塔塔楼	88350.94m²；高级写字楼				
	裙房	96100.2m²；商业、酒店、会议中心、办公				
	地下室	202873m²；商业、酒店后勤、车库				
建筑高度		西塔楼 245.2m 左右；东塔楼 280.6m 左右。裙房 37.2m				
结构形式		核心筒＋钢骨柱＋外伸臂桁架＋环带桁架＋外围斜撑				
酒店品牌（酒店如有）		里兹卡尔顿				
避难层/设备层分布楼层及层高	楼层（东）	9	23	36	49	58
	层高（m）	5.5	5.5	5.5	5.5	5.5
	楼层（西）	9	24	39		
	层高（m）	5.5	5.5	5.5		
设计时间		2013 ～ 2015 年 2 月				
竣工时间						

B. 智能化机房和弱电间设置

	楼层	面积（m²）	主要用途	是否合用	备注
弱电进线间 1	地下一层	10	光纤、铜缆接入		
弱电进线间 2	地下一层	7.5	光纤、铜缆接入		
运营商机房	地下一层	5×30	办公、酒店、商业及车库		有线＋无线通信
安防监控中心	地下一层	189	商业及车库	是	
安防分控室 1	地下一层	155	办公	是	
安防分控室 2	地下一层	165	酒店	是	
安防分控室 3	地下一层	135	酒店公寓	是	
通信网络机房 1	地下一层	68	商业		
通信网络机房 2	西塔 9 层	100	办公		
通信网络机房 3	东塔 36 层	80	酒店		
通信网络机房 4	东塔 36 层	50	酒店公寓		
有线＆卫星电视机房	东塔屋顶层	30	酒店、酒店公寓		
有线＆卫星电视机房	西塔屋顶层	30	办公		
卫星通信机房	西塔屋顶层	20	办公		
弱电间	B5 ～ 66 层	5.3 ～ 8	东塔楼酒店、酒店公寓		
弱电间	B5 ～ 53 层	7 ～ 7.6	西塔楼办公		
弱电间	B5 ～ 3 层	5.7 ～ 7	商业及车库		地下室有 9 个弱电间

注：是否合用是指消防控制室与安防监控中心或安防分控室的合用。

C. 智能化系统配置

系统名称	系统配置	备注
综合布线系统	布线类型：水平 6 类 UTP； 布点原则：办公 1.5/10m²，商业 1/50m²，酒店及酒店公寓 5/ 间； 共计双孔信息点：6655 只；无线 AP：768 只	
通信系统	办公、商业及地下室：电信远端模块 6000 门； 酒店：程控电话交换机 1500 门； 酒店公寓：程控电话交换机 500 门	
信息网络系统	系统架构：二层网络架构	
有线电视网络和卫星电视接收系统	系统型式：分配分支； 节目源：商业为有线电视； 办公为有线 + 卫星电视； 酒店、酒店公寓为有线 + 卫星电视； 共计电视终端：2980 只	
信息导引及发布系统	系统型式：网络系统； 显示型式：液晶屏、LED 屏； 共计显示终端：152 块	
广播系统	系统型式：数字系统； 系统功能：办公为业务广播、紧急广播； 商业、酒店、酒店公寓为背景音乐、业务广播、紧急广播； 共计扬声器：5862 只	
安全防范系统	入侵报警：双监探测器 99 只； 求助报警按钮 602 只	
	视频监控：720P/1080P 摄像机共计 2173 只	
	出入口控制：办公通道闸机 12 台； 门禁读卡器 473 只	
	一卡通：集成门禁、考勤、就餐、借阅等	
	电子巡查：离线式，4 个巡更棒、220 点	
	周界报警：无	
无线对讲系统	分布式系统，对讲机 80 台、室内全向天线 280 只	
酒店管理系统	网络型，管理终端 894 个	
停车库管理系统	车库道闸一进一出 3 套； 车位引导：车位摄像机 857 只； 反向寻车：反向查询一体机 20 台	
智能化集成系统	集成消防、安防、无线对讲、设备监控、能耗、信息发布等	

弱电机房分布图：

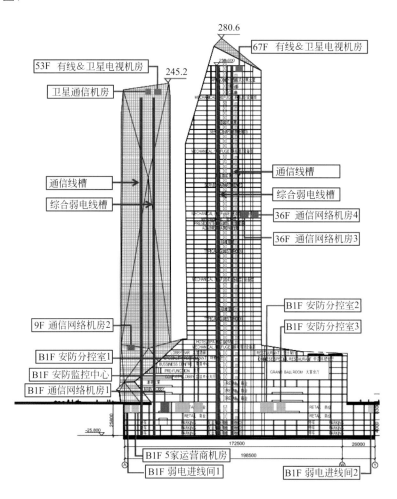

19. 重庆江北嘴国际金融中心

项目简介：

　　项目位于重庆市江北区江北嘴中央商务区，建筑功能：住宅、商业及配套设施。本项目地上限制高度为349m，属一类高层建筑，耐火等级为一级。

　　包括T1、T2、T3、T4四幢塔楼、裙房和地下室。总用地面积29126m²，总建筑面积718814.54m²（其中地上总建筑面积为600345.34m²，地下建筑面积118469.20m²），计容建筑面积为550000m²。T1塔楼地上103层，T2塔楼地上73层，T3塔楼地上62层，T4塔楼地上88层，裙房地上3层，地下室6层。

　　本工程为江北嘴国际金融中心（暂命名）项目4号楼工程，包括89层的4号塔楼以及塔楼投影范围内的3层裙房和6层地下室，建筑面积137694.56m²。其中4号楼塔楼部分建筑面积123075.83m²，裙房部分建筑面积4621.62m²，地下部分建筑面积9997.11m²，建筑高度349m。

立面图

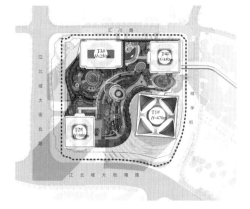

总平面图

项目所在地		重庆市						
建设单位		重庆融创华城房地产开发有限公司						
总建筑面积		123075.83m²						
建筑功能（包含）		住宅、商业						
各分项面积及功能	T4 塔楼	123075.83m²；住宅、商业						
	裙房	4621.62m²；商业						
	地下室	9997.11m²；机房、车库						
建筑高度		T4 塔楼 349m						
结构形式		型钢混凝土框架 + 核心筒						
酒店品牌（酒店如有）		无						
避难层 / 设备层分布楼层及层高	楼层	B4	B3	11	24	37	50	63	76
	层高（m）	3.9	3.9	5.6	5.6	5.6	5.6	6.8	5.6
设计时间		2019 年 11 月						
竣工时间								

B. 智能化机房和弱电间设置

	楼层	面积（m²）	主要用途	是否合用	备注
弱电进线间 1	地下一层	32			
通信设施机房	地下一层	88.7			运营商机房
移动通信覆盖机房 1	地下一层	50	办公、商业及车库		
移动通信覆盖机房 2	地下一层	37	酒店		
安防监控中心	首层	90	办公、商业及车库	是	
弱电间	B4 ~ 66 层	4.9	住宅		

注：是否合用是指消防控制室与安防监控中心或安防分控室的合用。

C. 智能化系统配置

系统名称	系统配置	备注
综合布线系统	布线类型：水平 6 类 UTP； 布点原则：机房 1/ 间，商业 1/50m²； 住宅 PON 系统； 共计双孔信息点：340 只，无线 AP：40 只	
通信系统	商业及地下室：电信远端模块 200 门	
信息网络系统	系统架构：二层网络架构	
有线电视网络和卫星电视接收系统	系统型式：分配分支； 节目源：有线电视； 共计电视终端 382 只	
信息导引及发布系统	无	
广播系统	无	
安全防范系统	入侵报警：双鉴探测器 90 只； 求助报警按钮 490 只	
	视频监控：720P/1080P 摄像机共计 125 只	

C. 智能化系统配置

系统名称	系统配置	备注
安全防范系统	出入口控制：门禁读卡器 110 只	
	一卡通：无	
	电子巡查：无	
	周界报警：无	
无线对讲系统	无	
楼宇对讲系统	网络型，智能可视终端 382 个	
智能家居系统	网络型，管理终端 382 个	
酒店管理系统	无	
停车库管理系统	无	
智能化集成系统	无	

弱电机房分布图:

超高层建筑智能化设计关键技术研究与实践

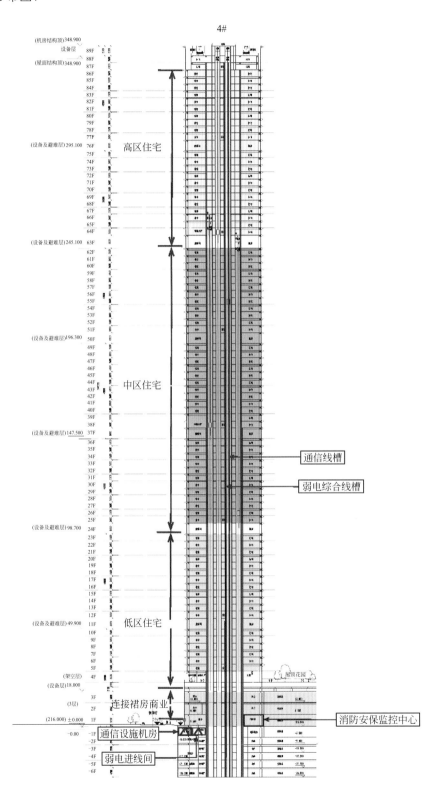

20. 绿地中心·杭州之门

立面图

项目简介:

  绿地中心·杭州之门项目位于钱塘江东岸,设计考虑了项目与城市以及周围环境之间的关系。塔楼高63层,到屋顶的高度为282m,到冠顶的高度为302.6m。设计将为杭州市奥体博览城打造一栋地标性的新塔楼。

  绿地中心·杭州之门项目是多用途开发项目,包括一座302.6m高的办公塔楼(西面),一座302.6m高的办公及酒店综合塔楼(东面),以及多幢商业建筑,其楼层数在两层到四层之间不等。地上部分总面积为359466m²,地下部分总面积为145546m²。塔楼的办公部分约为222800m²,东塔中的酒店部分约占44000m²。商业功能的总面积约为79500m²,包括约19700m²的地下1层商业面积。

总平面图

A. 项目概况

项目所在地		杭州				
建设单位		绿地控股集团杭州双塔置业有限公司				
总建筑面积		533823m²				
建筑功能（包含）		办公、商业、酒店				
各分项面积及功能	T1 塔楼	150034m²；办公				
	T2 塔楼	150034m²；办公、酒店				
	裙房	60689m²；商业				
	地下室	173067m²；商业、酒店后勤、车库、功能机房				
建筑高度		A1 塔楼 310m、A2 塔楼 310m、A3 裙房 23.9m				
结构形式		框架 - 核心筒混合结构 +1 道伸臂桁架 +2 道环带桁架				
酒店品牌（酒店如有）		暂无				
避难层 / 设备层分布楼层及层高	楼层	9	21	32	44	55
	层高（m）	4.2	6	4.2	8	4.2
设计时间		2017 年				
竣工时间						

B. 智能化机房和弱电间设置

	楼层	面积（m²）	主要用途	是否合用	备注
弱电进线间 1	地下一层	17			
弱电进线间 2	地下一层	17			
办公通信机房	地下二层	100	办公		运营商机房
商业通信机房	地下一层	100	商业		
酒店通信网络机房	55 层	50	酒店		
消防安保控制中心	首层	120	办公及全地块	是	
商业消防、安保分控机房	地下一层	120	商业	是	
酒店消防、安保分控机房	地下一层	60	酒店	是	
卫星电视前端机房	55 层	30	酒店		
云计算机房	地下一层	200	全地块及集团		
弱电间	B3 ~ 65 层	4 ~ 6	塔楼 1 间 / 层，裙房地下室 1 间 / 防火分区		

注：是否合用是指消防控制室与安防监控中心或安防分控室的合用。

C. 智能化系统配置

系统名称	系统配置	备注
综合布线系统	布线类型：水平 6 类 UTP； 布点原则：办公 1.5/10m²，商业 1/50m²，酒店 5/ 间； 共计双孔信息点：2302 只，无线 AP：845 只	
通信系统	办公、商业及地下室：电信远端模块 13000 门； 酒店：程控电话交换机 1200 门	
信息网络系统	系统架构：二层网络架构	

C. 智能化系统配置

系统名称	系统配置	备注
有线电视网络和卫星电视接收系统	系统型式：分配分支； 节目源：办公、商业为有线电视； 酒店为有线＋卫星电视； 共计电视终端：414 只	
信息导引及发布系统	系统型式：网络系统； 显示型式：液晶屏、LED 屏； 共计显示终端：58 只	
广播系统	系统型式：数字系统； 系统功能：办公为业务广播、紧急广播； 商业、酒店为背景音乐、业务广播、紧急广播； 共计扬声器：6145 只	
安全防范系统	入侵报警：双监探测器 56 只； 求助报警按钮 208 只	
	视频监控：720P/1080P 摄像机共计 1485 只	
	出入口控制：办公通道闸机 22 台； 门禁读卡器 56 只	
	一卡通：集成门禁、考勤、就餐、借阅等	
	电子巡查：离线式，8 个巡更棒、320 点	
	周界报警	
无线对讲系统	分布式系统，对讲机 40 台、室内全向天线 450 只	
酒店管理系统	网络型，管理终端 90 个	
停车库管理系统	车库道闸一进一出 4 套； 车位引导：视频探测器 1246 只； 反向寻车：自助终端 18 台	
智能化集成系统	集成消防、安防、无线对讲、设备监控、能耗、信息发布等	

弱电机房分布图:

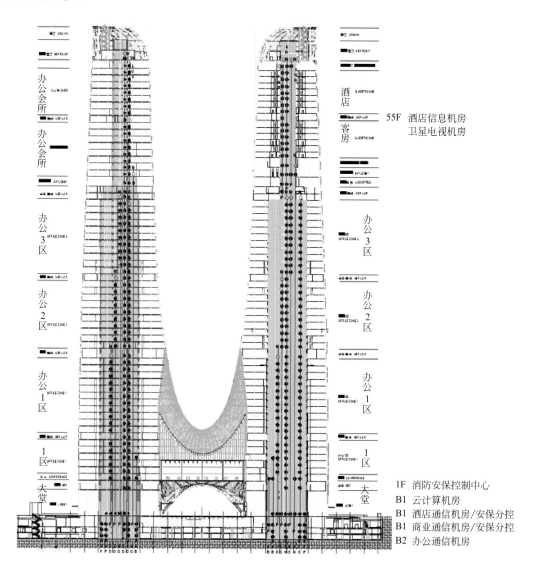

办公会所

办公会所

办公
3
区

办公
2
区

办公
1
区

1
区

大堂

酒店

客房

55F 酒店信息机房
     卫星电视机房

办公
3
区

办公
2
区

办公
1
区

1
区

大堂

1F 消防安保控制中心
B1 云计算机房
B1 酒店通信机房/安保分控
B1 商业通信机房/安保分控
B2 办公通信机房

超高层建筑智能化设计关键技术研究与实践

21. 济南中信泰富

立面图

项目简介：

  本项目济南中央商务区330米超高层综合体项目（A-1地块），位于山东省济南市CBD中心区，地处绸带公园东侧、南邻新泺大街、北邻横四路、东邻纵六路、西邻纵五路。本地块总用地面积21317m²。

  规划建设指标为地上总建筑面积约21.76万m²，包括两座商业裙房（P1裙房、P2裙房）和两座塔楼（T1塔楼、T2塔楼），分区明确，用地节约。T1塔楼为一座326.10m的超高层办公塔楼；T2塔楼为一座121.15m高层的办公塔楼。四层的商业P1裙房连接T1和T2两座塔楼。在底层东侧道路向西延伸留出视觉通廊，形成对公园的视线穿透。地块东北侧坐落一座14.00m的商业P2裙房，各座建筑围合成中央广场。地上计容建筑面积T1塔楼约为157517m²，T2塔楼约为40653m²，裙楼P1约为17571m²，裙楼P2约为1906m²。

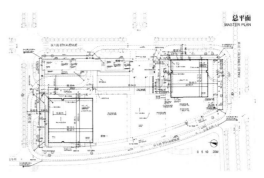

总平面图

A. 项目概况

项目所在地		济南					
建设单位		济南信泰置业有限公司					
总建筑面积		282300m²					
建筑功能（包含）		办公、商业					
各分项面积及功能	T1 塔楼	157517m²；商务 / 金融办公					
	T2 塔楼	40653m²；商务 / 金融办公					
	P1、P2 裙房	19477m²；商业					
	地下室	64653m²；商业、酒店后勤、车库、功能机房					
建筑高度		A1 塔楼 330m、A2 塔楼 120m、A3 裙房 23.7m					
结构形式		型钢混凝土柱 + 钢筋混凝土梁 + 现浇混凝土核心筒 + 现浇混凝土楼板					
酒店品牌（酒店如有）		无					
避难层 / 设备层分布楼层及层高	楼层	11	20	30	40	51	62
	层高（m）	5.5	5.5	5.5	5.5	5.5	5.5
设计时间		2020 年 7 月					
竣工时间							

B. 智能化机房和弱电间设置

	楼层	面积（m²）	主要用途	是否合用	备注
弱电进线间	地下一层	10			
消防安保总控制中心	地下一层	145	T1 办公、商业及车库	是	
运营商机房	地下一层	74			
网络通信机房	地下一层	80	T1 办公、商业及车库		
IT 机房	51 层	17	T1 办公		
T2 安保控制室	地下二层	50	T2 办公		
T2 网络通信机房	地下室	85	T2 办公		小业主自行考虑
弱电间	5 ~ 64 层	4.35、6.44	塔楼办公		2 个弱电间
弱电间	B4 ~ 5 层	4.3 ~ 7.8	商业、地下室		地下室、裙房有 7 个弱电间

注：是否合用是指消防控制室与安防监控中心或安防分控室的合用。

C. 智能化系统配置

系统名称	系统配置	备注
综合布线系统	布线类型：水平 6 类 UTP； 布点原则：办公 1.5/10m²，商业 1/50m²； 共计：双孔信息点 259 只、单孔信息点 335 只、无线 AP：301 只、多媒体信息箱 506 只	
通信系统	T1 办公、商业及地下室：电信远端模块 10000 门； T1 办公：电信远端模块 2000 门	
信息网络系统	系统架构：二层网络架构	
有线电视网络和卫星电视接收系统	无	

C. 智能化系统配置

系统名称	系统配置	备注
信息导引及发布系统	系统型式：网络系统； 显示型式：液晶屏、LED 屏； 共计显示终端：55″ 7 只、42″ 15 只、32″ 57 只	
广播系统	系统型式：数字系统； 系统功能：办公为业务广播、紧急广播； 商业为背景音乐、业务广播、紧急广播； 共计扬声器：2857 只	
安全防范系统	入侵报警：吸顶双监探测器 13 只、壁挂双监探测器 133 只； 求助报警按钮 124 只	
	视频监控：720P/1080P 摄像机共计 1179 只	
	出入口控制：办公通道闸机 43 台； 门禁读卡器 550 只	
	一卡通：集成门禁、考勤、就餐、借阅等	
	电子巡查：离线式，36 个巡更棒、381 点	
	周界报警：	
无线对讲系统	分布式系统，对讲机 25 台、室内全向天线 229 只	
停车库管理系统	车库道闸一进一出 5 套； 车位引导：摄像机 104 只、引导屏 21 只； 反向寻车：2 台	
智能化集成系统	集成消防、安防、无线对讲、设备监控、能耗、信息发布等	

弱电机房分布图:

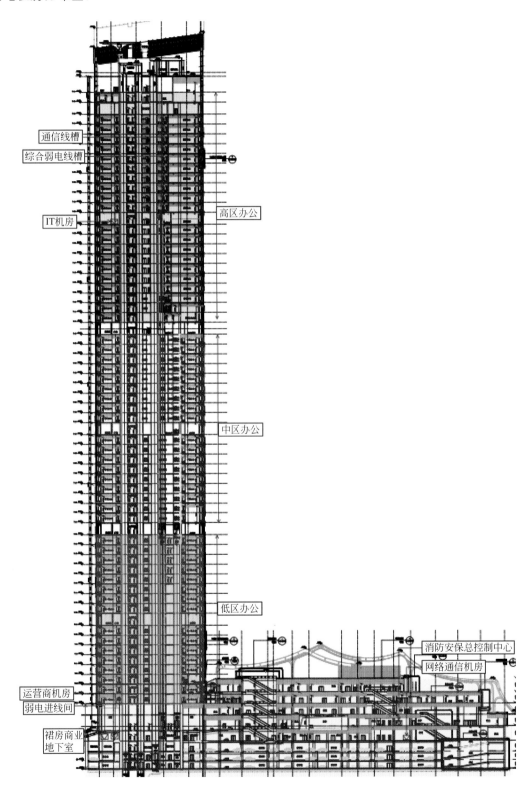

通信线槽
综合弱电线槽

IT机房

高区办公

中区办公

低区办公

消防安保总控制中心
网络通信机房

运营商机房
弱电进线间

裙房商业
地下室

超高层建筑智能化设计关键技术研究与实践

22. 南京金融城

立面图

项目简介：

    地块位于南京市建邺区，东至庐山路，西至江东路，北至金沙江东街，南至江山大街，地处河西CBD二期内，是青奥轴线和商务办公轴线转折承接的关键节点。该建筑建成后将成为河西地区的重要地标建筑。

    项目坐落于河西中央商务区核心地段，是南京区域金融中心规划建设的核心功能载体，是推动南京金融服务业转型升级的重点项目。总建筑面积约65万～70万m²（其中地上建筑面积约50万m²，地下建筑面积约12万～15万m²），地面以上拟建多层、高层和超高层建筑约10栋，金融城将参照国际标准，统筹建设金融市场、金融交易服务、信息发布、云计算等一体化金融服务平台，形成各类现代金融工具、金融衍生产品集聚的金融产业发展高地。项目内各个单体建筑多为金融机构的总部或地区总部，力求功能与造型的和谐统一、体现强烈的时代感和行业气息。

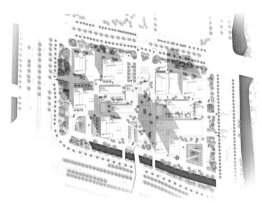

总平面图

A. 项目概况

项目所在地	南京								
建设单位	南京金融城建设发展股份有限公司								
总建筑面积	447385.22m²								
建筑功能（包含）	办公、商业、酒店								
各分项面积及功能	塔楼	319362m²，办公、酒店、商业							
	地下室	128030m²，酒店后勤、车库、功能机房							
建筑高度	塔楼 416.6m								
结构形式	外包钢 - 混凝土角部巨柱								
酒店品牌（酒店如有）	洲际酒店								
避难层 / 设备层分布楼层及层高	楼层	7F	18F	28F	39F	50F	60F	70F	77F	86F
	层高（m）	4.5	5.5	4.5	4.5	5.5	6	4.5	6	9.1
设计时间	2019 年 1 月								
竣工时间									

B. 智能化机房和弱电间设置

	楼层	面积（m²）	主要用途	是否合用	备注
弱电进线间 1	地下一层	5			
弱电进线间 2	地下一层	5			
运营商接线间 1	地下一层	10			运营商主机房位于西区
运营商接线间 2	地下一层	10			运营商主机房位于西区
消防安保控制中心 1	首层	85	办公、商业、酒店式公寓及车库	是	
消防安保控制中心 2	首层	60	酒店	是	
通信网络机房 1	地下二层	70	办公、商业、酒店式公寓及车库		
通信网络机房 1	地下二层	70	酒店		
弱电间 1	B4 ~ 69 层	5 ~ 6			裙房有 9 个弱电间
弱电间 2	B4 ~ 85 层	5 ~ 6			裙房有 9 个弱电间

注：是否合用是指消防控制室与安防监控中心或安防分控室的合用。

C. 智能化系统配置

系统名称	系统配置	备注
综合布线系统	布线类型：水平 6 类 UTP； 布点原则：办公 1.5/10m²，商业 1/50m²，酒店 5/ 间； 共计信息点：4010 只 无线 AP：254 只	
通信系统	办公、商业及地下室：电信远端模块 100 门； 酒店：程控电话交换机 500 门	
信息网络系统	系统架构：二层网络架构	
有线电视网络和卫星电视接收系统	系统型式：分配分支； 节目源：办公、商业为 IPTV； 酒店为有线 + 卫星电视； 共计电视终端：302 只	

C. 智能化系统配置

系统名称	系统配置	备注
信息导引及发布系统	系统型式：网络系统； 显示型式：液晶屏、LED 屏； 共计显示终端：469 只	
广播系统	系统型式：数字系统； 系统功能：办公为业务广播、紧急广播； 商业、酒店为背景音乐、业务广播、紧急广播； 共计扬声器：5854 只	
安全防范系统	入侵报警：双监探测器 221 只； 求助报警按钮 503 只	
	视频监控：720P/1080P 摄像机共计 1746 只	
	出入口控制：办公通道闸机 20 台； 门禁读卡器 817 只	
	一卡通：集成门禁、考勤、就餐等	
	电子巡查：离线式，4 个巡更棒、380 点	
	周界报警：	
无线对讲系统	分布式系统，对讲机 25 台、室内全向天线 900 只	
楼宇对讲系统	网络型，管理终端 618 个	
智能家居系统	网络型，管理终端 618 个	
酒店管理系统	网络型，管理终端 273 个	
停车库管理系统	车库道闸一进一出 3 套； 车位引导：超声波探测器 1494 只； 反向寻车：有	
智能化集成系统	集成消防、安防、无线对讲、设备监控、能耗、信息发布等	

弱电机房分布图：

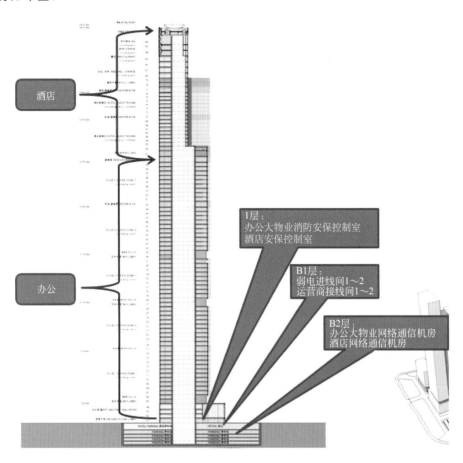

1层：
办公大物业消防安保控制室
酒店安保控制室

B1层：
弱电进线间1~2
运营商接线间1~2

B2层：
办公大物业网络通信机房
酒店网络通信机房

超高层建筑智能化设计关键技术研究与实践

23. 南京浦口绿地

立面图

项目简介:

　　绿地南京浦口超高层项目位于南京江北新区浦口区的核心位置。塔楼高500m,位于定山大街和横山大道主要路口,从周围的其他不同高度的塔楼和建筑物中脱颖而出,位于高密度开发、适宜步行的混合用途城市地区与三角形中央公园的交汇处,将成为这里的标志性建筑,将长江和南京老城区的景观一览无余。

　　酒店宴会厅和商业裙房被设想为与定山大街和横山大道地面交叉口直接毗邻的活力中心,3条新建地铁线在地下三层换乘,地下还另设有一条庞大的地下商业长廊连接该地区很多其他地块。地下一层和首层将布置商业,下沉广场将两个楼层的商业区以及地下地铁站连为一体。二层设置一个800m²的小宴会厅,三层设置一个1200m²的大宴会厅,服务五星级酒店。

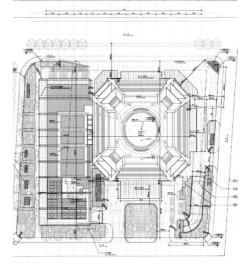

总平面图

超高层建筑智能化设计关键技术研究与实践

A. 项目概况

项目所在地		南京						
建设单位		南京峰霄置业有限公司						
总建筑面积		269868m²						
建筑功能（包含）		办公、商业、酒店						
各分项面积及功能	塔楼	261179m²，办公，酒店						
	裙房	8689m²，酒店、办公、商业						
	地下室	57530m²，酒店后勤、车库、功能机房						
建筑高度		塔楼 500m						
结构形式		外包钢 - 混凝土角部巨柱						
酒店品牌（酒店如有）		绿地自有						
避难层/设备层分布楼层及层高	楼层	11F	21F	31F	42F	52F	62F	73F	81F
	层高（m）	6	6	6	6	6	6	4.4	6
	楼层	83F	94F						
	层高（m）	6	3.9						
设计时间		2019 年 9 月						
竣工时间								

B. 智能化机房和弱电间设置

	楼层	面积（m²）	主要用途	是否合用	备注
弱电进线间 1	地下夹层	14.9			
弱电机房	地下一层	119.4			
通信运营商机房	地下一层	66.2	办公、商业及车库		
有线电视机房	地下一层	32.2	酒店		
消防控制室	首层	123	办公、商业及车库	是	
酒店 IT 机房	地下夹层	113	酒店		
酒店消防分控室	地下夹层	47	酒店		
弱电间 1 和 2	1 ~ 81 层	7.3	塔楼办公		每层 2 个
弱电间	82 ~ 101 层	12.1	酒店		

注：是否合用是指消防控制室与安防监控中心或安防分控室的合用。

C. 智能化系统配置

系统名称	系统配置	备注
综合布线系统	布线类型：水平 6 类 UTP； 布点原则：办公 1.5/10m²，商业 1/50m²，酒店 5/ 间； 共计双孔信息点：508 只，无线 AP：400 只	
通信系统	办公、商业及地下室：电信远端模块 6000 门； 酒店：程控电话交换机 500 门	
信息网络系统	系统架构：二层网络架构	
有线电视网络和卫星电视接收系统	系统型式：分配分支； 节目源：酒店为南京有线 + 卫星电视； 共计电视终端：410 只	

C. 智能化系统配置

系统名称	系统配置	备注
信息导引及发布系统	系统型式：网络系统； 显示型式：液晶屏、LED 屏； 共计显示终端：50 只	
广播系统	系统型式：数字系统； 系统功能：办公为业务广播、紧急广播； 商业、酒店为背景音乐、业务广播、紧急广播； 共计扬声器：4022 只	
安全防范系统	入侵报警：双监探测器 35 只； 求助报警按钮 192 只	
	视频监控：1080P 摄像机共计 1450 只	
	出入口控制：办公通道闸机 16 台； 门禁读卡器 60 只	
	一卡通：集成门禁、考勤、就餐、借阅等	
	电子巡查：离线式，4 个巡更棒、400 点	
	周界报警	
无线对讲系统	分布式系统，对讲机 30 台、室内全向天线 250 只	
楼宇对讲系统	无	
智能家居系统	无	
酒店管理系统	网络型，管理终端 376 个	
停车库管理系统	车库道闸一进一出 3 套； 视频反向寻车：视频探测器只	
智能化集成系统	集成消防、安防、无线对讲、设备监控、能耗、信息发布等	

弱电机房分布图：

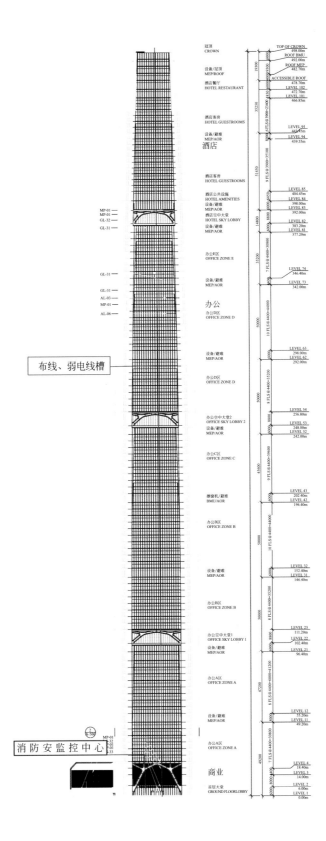

超高层建筑智能化设计关键技术研究与实践

24. 上海环球金融中心

项目简介：

　　上海环球金融中心是一幢跨世纪的、具有国际一流设施和一流管理水平的智能型超大型建筑。本项目基地周围与88层的金茂大厦以及上海中心呈三足鼎立之势，北侧紧100m宽的世纪大道，与中心绿地两侧数幢办公大厦遥遥相对，基地的东侧和南侧根据城市规划要求分别保留了绿化带，使上海的主导东南风能经过这块绿化带的净化吹向基地。塔楼部由入口进厅、会议中心、办公、酒店、观光设施以及避难层构成。游人可由观光专用电梯直达94层观光大厅将浦江两岸的美景尽收眼底。

　　上海环球金融中心基地面积3万m²，位于浦东新区陆家嘴国际金融贸易中心区Z4－1街区内，基地西北朝向面积达10万m²的陆家嘴中心绿地。地上101层，地下3层，总高度为492m。

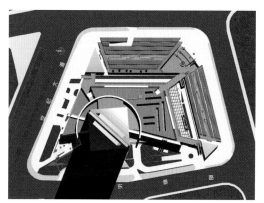

立面图　　　　　　　　　　　　　　　总平面图

项目所在地	上海						
建设单位	上海环球金融中心有限公司						
总建筑面积	381610m²						
建筑功能（包含）	商业、办公、酒店、观光						
各分项面积及功能	观光	14000m²；城市观光					
	塔楼	268186m²；办公、超5星酒店					
	裙房	34000m²；商业、会议中心					
	地下室	65424m²；商业、酒店后勤、车库					
建筑高度	塔楼492m						
结构形式	结构体系基本上为钢筋混凝土结构（SKE）和钢结构（S）						
酒店品牌（酒店如有）	柏悦酒店						
避难层/设备层分布楼层及层高	楼层	6	18	30	42	54	66	78	89
	层高（m）	4.37	4.47	4.47	4.47	4.47	4.2	4.47	4.2
	楼层	90							
	层高（m）	4.92							
设计时间	2004年10月						
竣工时间	2008年10月						

	楼层	面积（m²）	主要用途	是否合用	备注
弱电进线间1	地下一层	30			
通信网络机房	地下一层	150			运营商机房
移动通信覆盖机房1	地下一层	50	办公、商业及车库		
移动通信覆盖机房2	地下一层	50	酒店		
总安防监控中心	首层	120	办公、商业及车库	是	
安防监控中心	B2、52F、87F、90F	各60	办公、酒店		
通信网络机房1	地下一层	90	酒店		
电视及音响机房	地下一层	40	酒店		
弱电间	B3～89层	5～6	塔楼办公		
弱电间	B3～101层	6	酒店		

注：是否合用是指消防控制室与安防监控中心或安防分控室的合用。

系统名称	系统配置	备注
综合布线系统	布线类型：水平6类UTP； 布点原则：办公1.5/10m²，商业1/50m²，酒店5/间； 共计双孔信息点：11000只，无线AP：350只	
通信系统	办公、商业及地下室：电信远端模块20000门； 酒店：程控电话交换机1000门	
信息网络系统	系统架构：二层网络架构	

超高层建筑智能化设计关键技术研究与实践

C. 智能化系统配置

系统名称	系统配置	备注
有线电视网络和卫星电视接收系统	系统型式：分配分支； 节目源：办公、商业为有线电视； 酒店为有线＋卫星电视； 共计电视终端：600 只	
信息导引及发布系统	系统型式：网络系统； 显示型式：液晶屏、LED 屏； 共计显示终端：60 只	
广播系统	系统型式：数字系统； 系统功能：办公为业务广播、紧急广播； 商业、酒店为背景音乐、业务广播、紧急广播； 共计扬声器：4000 只	
安全防范系统	入侵报警：双监探测器 50 只； 　　　　　求助报警按钮 250 只	
	视频监控：720P/1080P 摄像机共计 900 只	
	出入口控制：办公通道闸机 12 台； 　　　　　　门禁读卡器 50 只	
	一卡通：集成门禁、考勤、就餐、借阅等	
	电子巡查：离线式，4 个巡更棒、250 点	
	周界报警：	
无线对讲系统	分布式系统，对讲机 50 台、室内全向天线 200 只	
酒店管理系统	网络型，管理终端 300 个	
停车库管理系统	车库道闸一进一出 3 套	
智能化集成系统	集成消防、安防等	

弱电机房分布图:

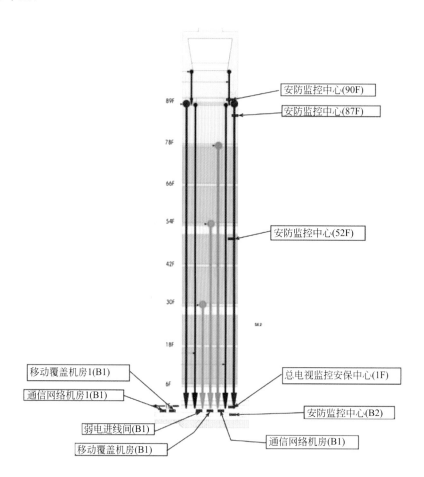

安防监控中心(90F)
安防监控中心(87F)
安防监控中心(52F)
移动覆盖机房1(B1)
通信网络机房1(B1)
弱电进线间(B1)
移动覆盖机房(B1)
总电视监控安保中心(1F)
安防监控中心(B2)
通信网络机房(B1)

89F
78F
66F
54F
42F
30F
18F
6F

超高层建筑智能化设计关键技术研究与实践

25. 温州中心

项目简介：

　　温州鹿城区七都岛位于瓯江江心，与杨府山、经济技术开发区和永嘉县隔江相望。以七都大桥为纽带，与温州市中心区隔江呼应，结合其优越的地理位置、自然景观资源，建设成为温州市最亮丽的景观岛屿。

　　"温州中心"项目地处其西面岛头最显要的区域，基地三面环江，西临瓯江与温州主城区相望；南北两侧为规划滨江公园绿地；东边是红线宽度为24m的规划城市道路，道路以东为规划城市广场用地及商务用地。"温州中心"项目其中A区总建筑面积约为26.3万㎡，其中地上建筑面积约为20.8万㎡，地下建筑面积约为5.5万㎡。

　　建筑层数：塔楼A1栋为办公区、酒店，地上56层，建筑高度280.8m（从室外地面至屋顶平台，下同）；塔楼A2栋为办公区，地上29层，建筑高度131m；塔楼A3栋为办公区，地上29层，建筑高度131m。

立面图

总平面图

超高层建筑智能化设计关键技术研究与实践

A. 项目概况		
项目所在地		温州
建设单位		温州中心大厦建设发展有限公司
总建筑面积		26.1 万 m²（A 区）
建筑功能（包含）		办公、商业、酒店、公寓
各分项面积及功能	A1 塔楼	约 9.2m²；办公、公寓、五星级酒店
	A2 塔楼	约 3.8 万 m²；公寓
	A3 塔楼	约 3.8 万 m²；公寓
	城市阳台	约 0.6 万 m²；企业办公、健身、游泳
	裙房	约 3.4 万 m²；商业、酒店后勤、大堂
	地下室	约 5.5 万 m²；酒店后勤、车库、功能机房
建筑高度		A1 塔楼 280m、A2 塔楼 131m、A3 裙房 131m
结构形式		框架 - 核心筒混合
酒店品牌（酒店如有）		
避难层 / 设备层分布楼层及层高	楼层	12 · 24 · 28 · 37 · 41
	层高（m）	8.1 · 4.2 · 8.4 · 4.2 · 8.1
设计时间		2015 年 3 月
竣工时间		

B. 智能化机房和弱电间设置					
	楼层	面积（m²）	主要用途	是否合用	备注
弱电进线间	地下一层	20			
通信运营商机房（移动、联通、电信）	地下一层	3×30			
有线电视机房	地下一层	30			
A1 塔楼办公安保控制室	地下一层	70	办公	否	
A1 塔楼酒店消防安保机房	一层	70	酒店	是	
A1 塔楼办公通信网络机房	地下一层	80	办公		
A1 塔楼酒店通信网络机房	地下一层	60	酒店		
A1 塔楼卫星电视机房	塔楼屋顶层	20	酒店		
A2A3 塔楼通信网络机房	地下一层	50	A2、A3 塔楼		
消防总控机房兼 A2A3 塔楼安保机房	一层	80			
弱电间	各层	5～6			

注：是否合用是指消防控制室与安防监控中心或安防分控室的合用。

C. 智能化系统配置

系统名称	系统配置	备注
综合布线系统	布线类型：水平 6 类 UTP； 布点原则：办公 1/8 ~ 10m²，商业 1/50m²，酒店 5/ 间； 共计双孔信息点：A1 塔楼酒店 1210 只、A1 塔楼办公 3137 只、A2A3 塔楼 455 只； 单孔信息点：A1 塔楼酒店 630 只	
通信系统	A1 塔楼办公电信远端模块 3000 门，A2A3 塔楼电信远端模块 300 门； A1 塔楼酒店：程控电话交换机 1200 门	
信息网络系统	系统架构：二层网络架构	
有线电视网络和卫星电视接收系统	系统型式：分配分支； 节目源：办公、商业为有线电视； 酒店为卫星及有线电视； 共计电视终端：A1 塔楼酒店 470 只、A1 塔楼办公及 A2A3 塔楼 1659 只	
信息导引及发布系统	系统型式：网络系统； 显示型式：液晶屏、LED 屏	
广播系统	系统型式：数字系统； 系统功能：办公为业务广播、紧急广播； 商业、酒店为背景音乐、业务广播、紧急广播； 共计扬声器：A1 塔楼酒店 872 只、A1 塔楼办公 +A2A3 塔楼 1424 只、地下车库 102 只	
安全防范系统	入侵报警：双监探测器 54 只； 求助报警按钮 33 只	
	视频监控：720P/1080P 摄像机； 共计：A1 塔楼酒店 184 只、A1 塔楼办公 +A2A3 塔楼 678 只	
	出入口控制：办公通道闸机若干； 门禁读卡器 138 只	
	一卡通：集成门禁、考勤、就餐、借阅等	
	电子巡查：离线式，3 套	
	周界报警：无	
无线对讲系统	分布式系统	
楼宇对讲系统	无	
智能家居系统	无	
酒店管理系统	网络型，管理终端 196 个	
停车库管理系统	车库道闸双进双出 3 套； 车位引导：无； 反向寻车：无	
智能化集成系统	集成消防、安防、无线对讲、设备监控、能耗、信息发布等	

弱电机房分布图：

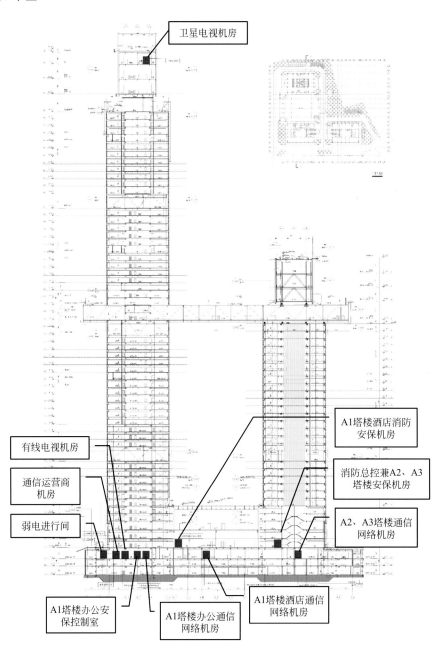

卫星电视机房

A1塔楼酒店消防
安保机房

消防总控兼A2、A3
塔楼安保机房

有线电视机房

通信运营商
机房

弱电进行间

A2、A3塔楼通信
网络机房

A1塔楼办公安
保控制室

A1塔楼办公通信
网络机房

A1塔楼酒店通信
网络机房

26. 苏州绿地中心超高层B1地块

立面图

项目简介：

　　江苏苏州绿地中心超高层B1地块项目位于新吴江商务区的中心地带，设计考虑了项目与城市以及周围环境之间的关系。塔楼高78层，到屋顶的高度为341.4m，到冠顶的高度为358.0m。塔楼共有地下3层，包括酒店后勤部,停车场,卸货和设备空间。首层主要包括办公楼主大堂,酒店大堂，酒店式公寓及零售功能。3F～10F以及13F～30F是办公功能。33F～48F是酒店功能，其中35F为酒店配套设施层，包括水疗中心和健身俱乐部。36F～48F为酒店客房层。50F～75F是酒店式公寓的功能。76F～77F为酒店餐厅及酒吧。塔楼11F、12F、31F、32F、49F，以及49F夹层将包括主要设备空间，为主塔楼服务。避难区位于第11F、21F、31F、40F、49F夹层，59F及70F。项目包括两个多层中庭，其中一个位于酒店客房区33F～48F，另一个中庭则位于酒店式公寓50F～76F。

　　由于其得天独厚的位置以及标志性的建筑造型，苏州绿地中心超高层B1地块建成后，将成为江苏省令人向往的重要标志性建筑。

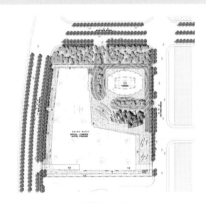

总平面图

A. 项目概况

项目所在地		江苏苏州					
建设单位		绿地集团（吴江）置业有限公司					
总建筑面积		330113m²					
建筑功能（包含）		办公、商业、酒店、公寓					
各分项面积及功能	塔楼办公区域	64947m²；办公					
	塔楼酒店区域	40567m²；酒店					
	塔楼酒店式公寓区域	49841m²；酒店式公寓					
	商业副楼	78205m²；商业、餐饮、影院、培训					
	地下室	96553m²；商业、酒店后勤、车库、功能机房					
建筑高度		塔楼358m、副楼23.9m					
结构形式		带伸臂桁架的框架-主楼核心筒，框架-副楼					
酒店品牌（酒店如有）							
避难层/设备层分布楼层及层高	楼层	3	22	32	40	50	59	70
	层高（m）	5.2	4.4	5.2	3.9	4.5	3.9	3.9
设计时间		2015年					
竣工时间							

B. 智能化机房和弱电间设置

	楼层	面积（m²）	主要用途	是否合用	备注
弱电进线间1	地下一层	12			
弱电进线间2	地下一层	10			
通信设施机房	地下一层	120			运营商机房
消防安保中心兼办公分控	首层	120	办公、商业及车库	是	
酒店消防安保分控	首层	60	酒店	是	
公寓消防安保分控	首层	60	公寓式酒店	是	
卫星电视机房	79F	20	酒店		
酒店通信网络机房	34F	50			
公寓通信网络机房	51F	40			
弱电间	每层	4~6	塔楼办公		
弱电间	每层每分区	4~6	裙房地下室		

注：是否合用是指消防控制室与安防监控中心或安防分控室的合用。

C. 智能化系统配置

系统名称	系统配置	备注
综合布线系统	布线类型：水平6类UTP； 布点原则：办公1.5/10m²，商业1/50m²，酒店5/间； 共计双孔信息点：685只、单孔信息点：1092只、无线AP：357只	
通信系统	办公、商业及地下室：电信远端模块500门； 酒店：程控电话交换机1000门	

C. 智能化系统配置

系统名称	系统配置	备注
信息网络系统	系统架构：二层网络架构	
有线电视网络和卫星电视接收系统	系统型式：分配分支； 节目源：办公、商业为有线电视； 酒店为有线 + 卫星电视； 共计电视终端：1056 只	
信息导引及发布系统	系统型式：网络系统； 显示型式：液晶屏、LED 屏； 共计显示终端：28 只	
广播系统	系统型式：数字系统； 系统功能：办公为业务广播、紧急广播； 商业、酒店为背景音乐、业务广播、紧急广播； 共计扬声器：2085 只	
安全防范系统	入侵报警：双监探测器 45 只； 求助报警按钮 86 只	
	视频监控：720P/1080P 摄像机共计 893 只	
	出入口控制：办公通道闸机 12 台； 门禁读卡器 85 只	
	一卡通：集成门禁、考勤、就餐、借阅等	
	电子巡查：离线式，6 个巡更棒、280 点	
	周界报警：无	
无线对讲系统	分布式系统，对讲机 35 台、室内全向天线 350 只	
楼宇对讲系统	可视对讲系统，户内分机 429 台	
智能家居系统	429 套	
酒店管理系统	网络型，管理终端 306 个	
停车库管理系统	车库道闸一进一出 4 套； 车位引导：超声波探测器 1600 只； 反向寻车：智能终端 12 台	
智能化集成系统	集成消防、安防、无线对讲、设备监控、能耗、信息发布等	

弱电机房分布图:

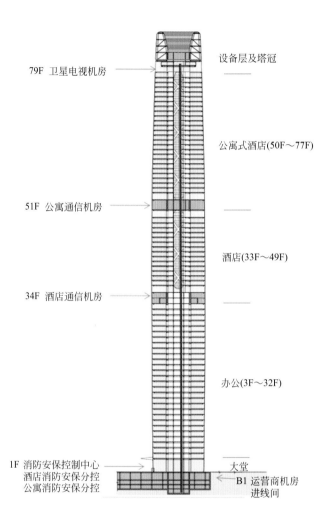

79F 卫星电视机房 ——→ 设备层及塔冠

公寓式酒店(50F~77F)

51F 公寓通信机房 ——→

酒店(33F~49F)

34F 酒店通信机房 ——→

办公(3F~32F)

1F 消防安保控制中心
酒店消防安保分控
公寓消防安保分控

大堂

B1 运营商机房
进线间

27. 武汉世贸中心

项目简介:

  武汉CBD核心区将建成以金融、保险、证券、贸易、信息、咨询等产业为主,"立足华中、服务全国、面向世界"的现代金融服务中心,聚集办公、零售、酒店三大功能于一体,成为中国中部地区最具活力和价值的区域。

  武汉世贸中心超高层塔楼是武汉CBD公司实施核心区开发战略的又一个超大型项目,是实现核心区功能最重要的组成部分之一,对于巩固CBD核心地位,促进泛海品牌发展具有标杆作用,对于将武汉中央商务区打造成为华中现代服务业中心,助推武汉市成为中部城市群的龙头也具有十分突出的现实意义。

  武汉世贸中心超高层塔楼是一幢武汉领先、面向全国、面向全世界的超大型建筑,是拥有容积率建筑面积约24.6万m^2,地下建筑面积约5.5万m^2,总高438m,共86层的超高层综合大厦。

立面图

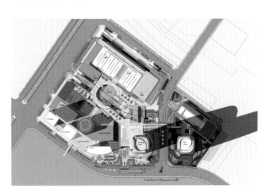

总平面图

A. 项目概况

项目所在地	武汉							
建设单位	武汉王家墩中央商务区建设投资股份有限公司							
总建筑面积	307400m²							
建筑功能（包含）	办公							
各分项面积及功能	塔楼	246400m²；办公						
	裙房	6200m²；商业						
	地下室	54800m²；车库						
建筑高度	塔楼 438m							
结构形式	框架 - 核心筒混合结构 +1 道伸臂桁架 +2 道环带桁架							
酒店品牌（酒店如有）	无酒店							
避难层 / 设备层分布楼层及层高	楼层	5	12	18	25	31	40	46	54
	层高（m）	5.9	4.4	6.6	4.4	6.6	4.5	6.6	4.5
	楼层	61	69	76	84			
	层高（m）	6.6	4.5	4.5	66			
设计时间	2016 年 9 月（初步设计）							
竣工时间								

B. 智能化机房和弱电间设置

	楼层	面积（m²）	主要用途	是否合用	备注
弱电进线间 1	地下一层	14			
弱电进线间 2	地下一层	16			
通信设施机房	地下一层	104			
移动通信覆盖机房	地下一层	60	办公、商业、车库及酒店		
有线电视机房	地下一层	25	酒店		
安防监控中心	地下一层	70		是	
弱电间	B4 ~ 86 层	6	办公、商业及酒店		

注：是否合用是指消防控制室与安防监控中心或安防分控室的合用。

C. 智能化系统配置

系统名称	系统配置	备注
综合布线系统	布线类型：水平 6 类 UTP； 布点原则：办公 1.5/10m²，商业 1/50m²，酒店 5/ 间； 共计双孔信息点：13843 只、单孔信息点：39 只	
通信系统	办公、商业及地下室：电信远端模块 7700 门； 酒店：程控电话交换机 500 门	
信息网络系统	系统架构：二层网络架构	
有线电视网络和卫星电视接收系统	系统型式：分配分支； 节目源：办公、商业为有线电视； 酒店为有线电视 + 卫星电视； 共计电视终端：925 只	

C. 智能化系统配置

系统名称	系统配置	备注
信息导引及发布系统	系统型式：网络系统； 显示型式：液晶屏、LED屏； 共计显示终端：1批	
广播系统	系统型式：数字系统； 系统功能：办公为业务广播、紧急广播； 商业、酒店为背景音乐、业务广播、紧急广播； 共计扬声器：2411只	
安全防范系统	入侵报警：双监探测器16只； 求助报警按钮97只	
	视频监控：720P/1080P摄像机共计856只	
	出入口控制：办公通道闸机12台； 门禁读卡器605只	
	一卡通：集成门禁、考勤、就餐、借阅等	
	电子巡查：离线式，6个巡更棒、210点	
	周界报警	
无线对讲系统	分布式系统，对讲机15台、室内全向天线220只	
酒店管理系统	网络型，管理终端200个	
停车库管理系统	车库道闸一进一出3套； 车位引导：超声波探测器1200只； 反向寻车：无	
智能化集成系统	集成消防、安防、无线对讲、设备监控、能耗、信息发布等	

弱电机房分布图：

超高层建筑智能化设计关键技术研究与实践

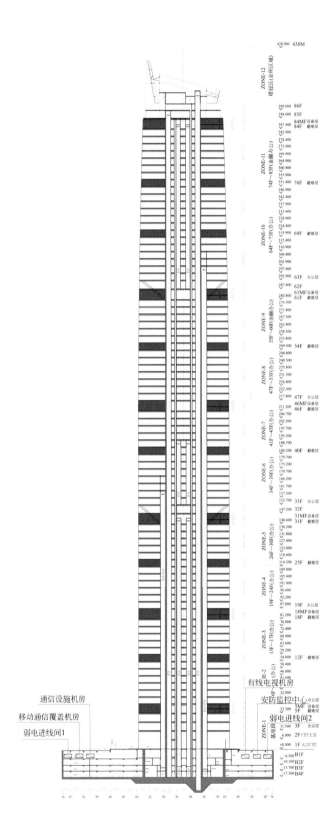

28. 张江58-01地块

立面图

项目简介:

本项目位于上海张江城市副中心,与张江57-01地块合称上海张江"科学之门"。整个项目包括:1#办公塔楼,高320m,定位为超甲级标准办公楼。4#酒店塔楼,功能为酒店,高100m,裙房24m。2#文化,高度24m。3#商业,高度24m。

1#塔楼:办公塔楼为59层。首层大堂挑空2层,二层与室外连桥相通。设有1个空中大堂,位于41层及42层。塔楼中间设5个设备避难层。2#3#文化商业:1F~3F,局部4层,包涵商业、文化等功能。4#酒店:酒店塔楼为25层。裙房部分为酒店配套大堂餐饮康体设施,共四层,高度为24m。

地下空间:58-01地块地下空间共四层,其中B1层7.9m,B2-B4为3.8m。本项目室内外最大高差0.15m。与57-01地块地下空间通过车行及人行联通道连接。在地下一层及地下三层与卓闻路隧道连通。地下室除商业外为地下车库,非机动车停车、酒店后勤、设备机房以及人防空间。

总平面图

A. 项目概况

项目所在地		上海				
建设单位		上海灏集张新建设发展有限公司				
总建筑面积		312934.5m²				
建筑功能（包含）		办公、商业、酒店				
各分项面积及功能	1号楼	174510.90m²；办公				
	2号楼	6947.99m²；文化				
	3号楼	16101.98m²；商业				
	4号楼	29388.50m²；酒店				
	地下室	77612.70m²；商业、酒店后勤、车库、功能机房				
建筑高度		1号楼 320m、2号楼 23.85m、3号楼 23.85m、4号楼 99.85m				
结构形式		1号楼：型钢混凝土柱框架 - 核心筒结构； 2、3号楼：钢梁 + 型钢混凝土柱框架结构； 4号楼：方钢管混凝土柱框架 - 核心筒结构				
酒店品牌（酒店如有）		暂无				
避难层 / 设备层分布楼层及层高	楼层	10	20	30	40	49
	层高（m）	6.0	6.0	6.0	6.0	6.0
设计时间		2020 年 6 月				
竣工时间		预计 2026 年				

B. 智能化机房和弱电间设置

	楼层	面积（m²）	主要用途	是否合用	备注
弱电进线间	地下一层	8			
运营商机房	地下一层	91			
铁塔移动机房	地下一层	58			
通信网络机房	地下一层	134			
消防安保总控机房	3# 楼一层	152	办公、商业及车库	是	
卫星电视机房	4# 楼顶层	25	酒店		
通信网络机房（酒店）	4# 楼地下一层	78	酒店		
消防安保机房（酒店）	4# 楼地下一层	49	酒店	是	
弱电间	B4 ~ B1	5 ~ 15	地下室		有 6 个弱电间
弱电间	4 ~ 60 层	5.56、8.24	办公		有 2 个弱电间
弱电间	1 ~ 25 层	5.25	酒店		
弱电间	1 ~ 3 层	6.2	文化中心		

注：是否合用是指消防控制室与安防监控中心或安防分控室的合用。

C. 智能化系统配置

系统名称	系统配置	备注
综合布线系统	布线类型：水平 6A 类 UTP； 布点原则：办公 1.5/10m²，商业 1/50m²，酒店 5/ 间； 共计：双孔信息点 1121 只、单孔信息点 990 只、无线 AP686 只、信息箱 245 只	
通信系统	办公、商业及地下室：电信远端模块 12000 门； 酒店：程控电话交换机 400 门	
信息网络系统	系统架构：二层网络架构	
有线电视网络和卫星电视接收系统	系统型式：分配分支； 节目源：办公、商业为有线电视； 酒店为有线 + 卫星电视； 共计电视终端：367 只	
信息导引及发布系统	系统型式：网络系统； 显示型式：液晶屏、LED 屏； 共计显示终端：31 只	
广播系统	系统型式：数字系统； 系统功能：办公为业务广播、紧急广播； 商业、酒店为背景音乐、业务广播、紧急广播； 共计扬声器：4171 只	
安全防范系统	入侵报警：红外探测器 575 只、声光报警器 59 只； 求助报警按钮 105 只	
	视频监控：1080P 摄像机共计 1408 只	
	出入口控制：办公通道闸机 4 通道 6 台； 门禁读卡器 211 只	
	一卡通：集成门禁、考勤、就餐、借阅等	
	电子巡查：在线式，巡检器 34 只、331 点	
无线对讲系统	分布式系统，对讲机 90 台、室内天线 322 只	
酒店管理系统	网络型，管理终端 178 个	
停车库管理系统	车库道闸 10 套； 车位引导：超声波探测器 184 只、摄像机 464 只、引导屏 81 块； 反向寻车：查询机 6 台	
智能化集成系统	集成消防、安防、无线对讲、设备监控、能耗、信息发布等	

弱电机房分布图：

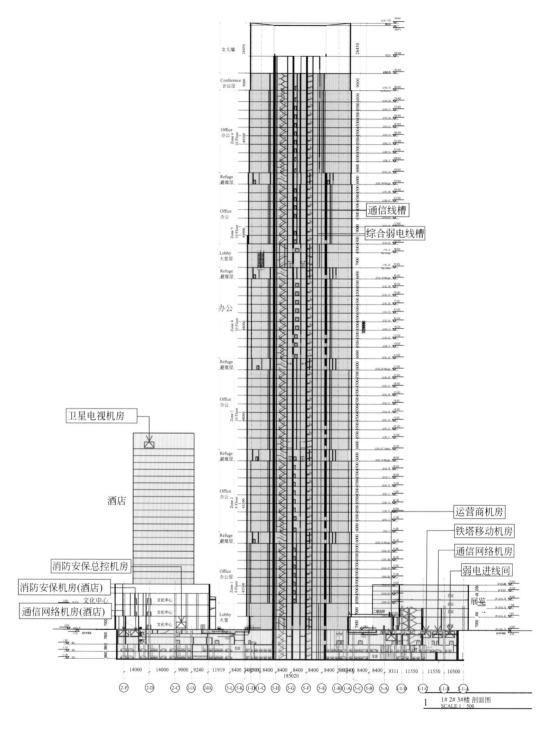

29. 重庆俊豪

项目简介：

本项目地处两江新区江北嘴CBD核心区域，具备明显的区位优势，方案根据地块特点及企业的经营目标，力求将俊豪ICFC项目打造成集商业、商务办公、娱乐休闲为一体的综合性地标建筑。设计注重建立建筑的形象及与周边环境的关系，充分考虑沿城市道路的形象界面，考虑中心绿地与建筑的对景关系及周边建筑形态对本案的影响。合理配置外部公共空间与城市空间、绿化景观的层次，遵循良好的密度与尺度关系。以人为本，做到建筑、环境与人的和谐统一。

本项目地块位于重庆市两江新区江北城组团A07-1/03地块。该项目地处重庆市两江新区CBD的核心地段。项目用地面积17048m²，地块东西长约132m，南北宽约130m，呈近似正方形形状，场地为坡地，最高点高程258.78m，最低高程为250.92m，高差为7.86m。项目设计地上65层，地上建筑面积220687.45m²，其中计容面积为219919.20m²；地下7层，地下室建筑面积100043.14m²。A栋塔楼外轮廓总高度299.6m，相当于黄海海拔552m。B栋塔楼大屋面总高度149.9m，附楼高度约39.8m。主要功能包括：商业、办公、酒店和会所，属于综合性超高层建筑。

立面图

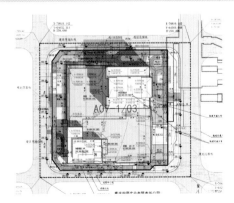

总平面图

A. 项目概况

项目所在地	重庆							
建设单位	重庆俊豪富通置业有限公司							
总建筑面积	320730m²							
建筑功能（包含）	办公、商业、酒店							
各分项面积及功能	A 地块	284423m²；办公、酒店、商业、车库						
	B 地块	36307m²；办公						
建筑高度	A1 塔楼 310m、A2 塔楼 310m、A3 裙房 23.9m							
结构形式	型钢混凝土柱 - 钢梁 - 钢筋混凝土核心筒混合结构体系							
酒店品牌（酒店如有）	暂无							
避难层 / 设备层分布楼层及层高	楼层	7	22	37	50	63		
	层高（m）	5	5	5	5.2	6.7		
设计时间	2013 年							
竣工时间								

B. 智能化机房和弱电间设置

	楼层	面积（m²）	主要用途	是否合用	备注
弱电进线间（西）	首层	21			
弱电进线间（南）	地下一层	10			
通信网络机房	地下一层	113	办公、车库		
移动通信覆盖机房	地下一层	70	办公、商业及车库		
有线电视机房	地下一层	15	办公、商业及车库		
消防安保监控中心	首层	118	办公、车库	是	
通信网络机房	60 层	38	酒店		
无线覆盖机房	59 层	38	酒店		
消防安保分控室	52 层	46	酒店	是	
卫星电视前端机房	63 层	49	酒店		
通信网络机房	地下一层	39	商业		
消防安保分控室	首层	65	商业	是	
弱电间	B7 ~ 52 层	5 ~ 6.5	办公、地下室		
弱电间	53 ~ 62 层	6.5	商业		
弱电间	1 ~ 6 层	6.5	酒店		

注：是否合用是指消防控制室与安防监控中心或安防分控室的合用。

C. 智能化系统配置

系统名称	系统配置	备注
综合布线系统	布线类型：水平 6 类 UTP； 布点原则：办公 1/8m²，商业 1/50m²，酒店 5/ 间； 共计：双孔信息点 1065 只、单孔信息点 494 只、无线 AP：210 只，信息箱 422 只	
通信系统	办公及地下室电信远端模块 7000 门、商业电信远端模块 350 门； 酒店：程控电话交换机 400 门	
信息网络系统	系统架构：二层网络架构	
有线电视网络和卫星电视接收系统	系统型式：分配分支； 节目源：办公、商业为重庆有线电视； 酒店为重庆有线 + 卫星电视； 共计电视终端：203 只	
信息导引及发布系统	系统型式：网络系统 显示型式：液晶屏、LED 屏 共计显示终端：46″ 屏及电梯显示屏共 48 只，65″ 触控一体机 1 台	
广播系统	系统型式：数字系统； 系统功能：办公为业务广播、紧急广播； 商业、酒店为背景音乐、业务广播、紧急广播； 共计扬声器：3607 只	
安全防范系统	入侵报警：声光报警器 109 只； 求助报警按钮 269 只	
	视频监控：720P/1080P 摄像机共计 1473 只	
	出入口控制：办公通道闸机 12 台； 门禁读卡器 112 只	
	一卡通：集成门禁、考勤、就餐、借阅等	
	电子巡查：离线式，30 个巡更棒、511 点	
	周界报警	
无线对讲系统	分布式系统，对讲机按需、室内全向天线 296 只	对讲机后期物业定
酒店管理系统	网络型，管理终端 132 个	
停车库管理系统	车库道闸进出共 6 套； 车位引导：视频探测器 879 只； 反向寻车：收费查询 25 只	
智能化集成系统	集成消防、安防、无线对讲、设备监控、能耗、信息发布等	

弱电机房分布图：

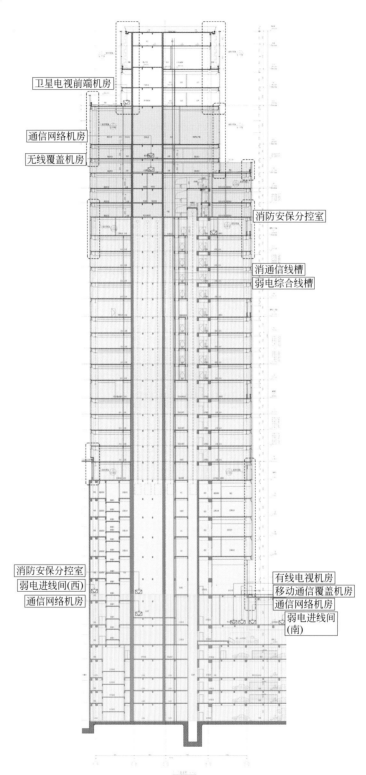

卫星电视前端机房

通信网络机房

无线覆盖机房

消防安保分控室

消通信线槽
弱电综合线槽

消防安保分控室
弱电进线间(西)
通信网络机房

有线电视机房
移动通信覆盖机房
通信网络机房
弱电进线间
(南)

30. 深圳中信金融中心

立面图

深圳中信金融中心项目位于深圳市南山区深圳湾超级总部基地，总用地面积117.4万m²,总开发建筑面积约520万m²。建筑使用性质为办公、商业和酒店公寓功能。结构类型钢筋混凝土框架+核心筒结构，钢筋混凝土框架结构体系。总建筑面积：378935.00m²，其中计容积率建筑面积：272097.50m²，不计容积率建筑面积：106837.50m²。

1栋–A座塔楼：功能为办公，层数为62层，建筑高度为300m。

1栋–B座塔楼：功能为酒店、公寓，层数为37层，建筑高度为170.25m。

1栋–裙楼：功能为商业，办公（会议中心），酒店，层数为4层，建筑高度为27.45m。

地下室：功能为商业、办公（B1层办公大堂）、机房设备、停车库（局部人防）；层数为地下5层，地下一层功能为商业、办公大堂及设备用房，地下二层功能为商业、设备用房、货车卸货区；地下三层为汽车停车库及设备用房；地下四、五层为汽车停车库（局部兼做人防）及设备用房。

鸟瞰图

A. 项目概况

项目所在地		深圳市南山区深圳湾超级总部基地
建设单位		中信证券股份有限公司、金石泽信投资管理有限公司
总建筑面积（m²）		378935.00m²
建筑功能（包含）		办公、商业、酒店和公寓功能
各分项面积及功能	裙房＋塔楼	272097.50m²
	地下室	106837.50m²
建筑高度（m）		A 座塔楼 300m；B 座塔楼 170.25m
结构形式		主塔楼钢筋混凝土框架＋核心筒结构，裙房钢筋混凝土框架结构体系
酒店品牌		未定

避难层／设备层分布楼层及层高	楼层	11	22	32	42	52		
	层高（m）	5	6	6	6	5		

设计时间		2020 年 10 月
竣工时间		

B. 智能化机房和弱电间设置

	楼层	面积（m²）	主要用途	是否合用	备注
弱电进线间 1	地下一层	10	办公、商业		
弱电进线间 2	地下一层	11	酒店、公寓		
通信设施机房 1	地下一层	46	办公、商业		运营商机房
通信设施机房 2	地下一层	58	酒店、公寓		运营商机房
移动通信覆盖机房 1	地下二层	251			5G 汇聚机房
移动通信覆盖机房 2	T1- 避难层	15	办公		
移动通信覆盖机房 3	T2- 避难层	15	酒店		
安防监控中心 1	地下一层	111	办公		
安防监控中心 2	地下一层	46	商业		
安防监控中心 3	地下一层	58	酒店		
安防监控中心 4	地下一层	46	公寓		
通信网络机房 1	地下一层	46	办公		
通信网络机房 2	地下一层	57	商业		
通信网络机房 3	地下一层	63	酒店		
通信网络机房 4	地下一层	41	公寓		
卫星通信机房	T1- 屋顶层	16	办公		
有线电视卫星机房	地下一层	27	酒店		
弱电间	B4 ~ 63层	5 ~ 9.5	塔楼办公		
弱电间	B4 ~ 3层	5.5	商业		裙房地下室有 30 个弱电间
弱电间	B4 ~ 39层	9	酒店、公寓		

注：是否合用是指消防控制室与安防监控中心或安防分控室的合用。

C. 智能化系统配置

系统名称	系统配置	备注
综合布线系统	布线类型：水平 6 类 UTP，竖向万兆光纤； 布点原则：办公为出租型光纤到户，商业 1/50m²，酒店 5/间； 共计双孔信息点：32050 只，无线 AP：1225 只	
通信系统	办公、商业及地下室：电信远端模块 9000 门； 酒店：程控电话交换机 1500 门	
信息网络系统	系统架构：三层网络架构	
有线电视网络和卫星电视接收系统	系统型式：分配分支； 节目源：办公、商业为有线电视； 酒店为有线 + 卫星电视； 共计电视终端：900 只	
信息导引及发布系统	系统型式：网络系统； 显示型式：液晶屏、LED 屏； 共计显示终端：120 只	
广播系统	系统型式：数字系统； 系统功能：办公为业务广播、紧急广播； 商业、酒店为背景音乐、业务广播、紧急广播； 共计扬声器：1030 只	
安全防范系统	入侵报警：双监探测器 1000 只； 求助报警按钮 500 只	
	视频监控：720P/1080P 摄像机共计 1580 只	
	出入口控制：办公通道闸机 12 台； 门禁读卡器 570 只	
	一卡通：集成门禁、考勤、就餐、停车等	
	电子巡查：实时巡检，4 个巡更棒、500 点	
	周界报警：无	
无线对讲系统	分布式系统，对讲机 25 台、室内全向天线 310 只	
楼宇对讲系统	网络型，管理终端 230 个	
智能家居系统	网络型，管理终端 230 个	
酒店管理系统	网络型，管理终端 210 个	
停车库管理系统	车库道闸一进一出 6 套； 车位引导：车辆检测摄像机 800 只； 反向寻车：有	
智能化集成系统	集成消防、安防、无线对讲、设备监控、能耗、信息发布等	

弱电机房分布图：

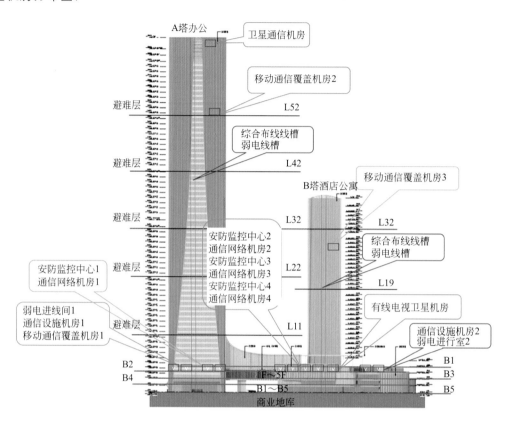

A塔办公

卫星通信机房

移动通信覆盖机房2

避难层　　　　　　　　　L52

综合布线线槽
弱电线槽

避难层　　　　　　　　　L42

B塔酒店公寓　　移动通信覆盖机房3

避难层　　　　　　L32　　　L32

安防监控中心2　　　　　　　综合布线线槽
通信网络机房2　　　　　　　弱电线槽
避难层　安防监控中心3　L22
安防监控中心1　通信网络机房3
通信网络机房1　安防监控中心4　　L19
　　　　　　　通信网络机房4
弱电进线间1　　　　　　　　有线电视卫星机房
通信设施机房1　　　　　　　　　通信设施机房2
移动通信覆盖机房1　避难层　　L11　　弱电进行室2

B2　　　　　　　　　　　　　　　　　　B1
B4　　　　　1F~5F　　　　　　　　　B3
　　　　　　B1~B5　　　　　　　　　B5
商业地库

跋

超高层建筑作为现代化城市中的一个标志性建筑，它不仅在人们的日常生活中发挥着越来越重要的作用，而且也是综合经济实力的体现，随着信息技术的发展、人们需求的不断增加，对超高层建筑智能化系统的设计也日益关注，超高结构、庞大规模、功能繁多、系统复杂、建设标准高的鲜明特点，以及消防、安防、疏散、设施监控、信息接入等问题都给智能化设计工作带来了新的挑战，尤其是当下物联网、大数据、云计算、AI、5G、F5G及Wi-Fi6等等技术迅速落地的今天，更要为在建设中与未来的高层建筑赋予了智慧的光芒。

华东建筑设计研究院有限公司（简称华东院）作为国内领先、国际一流的企业，以及基于华东院在超高层建筑设计领域的丰富实践经验，早在2014年初，本书主编——中国建筑学会建筑电气分会理事长、华东院电气总工沈育祥开始策划筹备，总结形成华东院内部资料《超高层建筑电气设计优秀项目资料汇编》，并组织院内参与超高层建筑设计的优秀智能化工程师，在行业权威期刊上发表多篇相关技术论文。

作为本书的副主编之一，我也同样有幸参与了国内多项超高层建筑设计与建设的实践工作，其中给我印象最深的就是当时在南京紫峰大厦的设计过程中，它是上海绿地集团的第一个超高层建筑，也是南京的地标性建筑。当时我作为智能化专业负责人主持了该项目的智能化设计工作，从信息的接入、网络的规划、技术路线的确立、安防的布控、消防的联动、设施的管控，到智能化工程招标、施工配合、安装调试进行了全过程的服务工作，项目建成后获得了业主的好评，同时也获得了全国优秀工程勘察设计行业一等奖、上海市优秀工程设计一等奖，这也成为了绿地集团今后超高层项目建设的标杆工程。

自此，我还先后主持了上海银行大厦、中央电视台新台址CCTV主楼、江苏广电城、东方之门、上海北外滩白玉兰广场、天津富力、武汉中心、武汉绿地中心、重庆俊豪、大连国贸中心大厦、张江科学之门等众多超高层建筑项目的智能化设计工作，在这些项目的智能化设计和研究过程中，重点聚焦250m及以上超高层建筑的系统架构、关键技术，先后整理出多项技术文件总结，并在核心期刊上发表多篇论文，积累了超高层建筑智能化设计的丰富经验。同时还参与了国家标准《智能建筑设计标准》GB 50314-2015的编写工作，主编了中勘协团体标准《智能建筑工程设计通则》T/CECA 20003—2019。

2021年，沈育祥总工召集、组织华东院的智能化专业技术骨干团队，对超高层建筑项目的智能化设计关键技术再次进行梳理、总结与归纳，反复推敲，几易其稿，于2022年3月底编撰完成了这本《超高层建筑智能化设计关键技术研究与实践》。

本书分研究和实践两篇，对超高层建筑智能化设计中的关键技术进行了多维度的阐述和剖析。研究篇分为超高层建筑智能化设计要点、智能化集成系统、信息设施系统、信息化应用系统、安全技术防范系统、机房工程、超高层智能化综合管线、智慧技术的发展和展望共八个章节。实践篇汇集了华东院设计的30个超高层建筑优秀项目案例。具有系统性强、结构严谨、技术先进、实践客观等特点，可供从事超高层建筑智能化技术理论研究和工程实践的工程技术人员、智能化设计师参考和借鉴，也可作为高等院校相关专业师生参考阅读。

在本书的编撰过程中，得到了华建集团和华东院领导的大力支持，张俊杰院长和汪大绥大师亲自为本书作序。同时，各位编者认真撰写每一个章节，反复斟酌修改，为本书的编纂及顺利出版付出了辛勤的劳动，在此一并表示感谢！

本书凝聚了华东院智能化设计师的汗水和心血，希望本书的出版，对于我国超高层建筑的智能化设计与实施具有积极的指导意义！

2022年3月30日